本书为湖南省自然科学基金"电力网络弹性 ⋯
（2020JJ4158）与湖南省教育厅重点项目"电力网络 ⋯
升方法研究"（19A084）基金资助。

电力网络拓扑优化与弹性提升
方法研究

李稳国　著

吉林大学出版社

·长春·

图书在版编目（CIP）数据

电力网络拓扑优化与弹性提升方法研究 / 李稳国著.—
长春 ： 吉林大学出版社，2021.6
ISBN 978-7-5692-8456-0

Ⅰ．①电… Ⅱ．①李… Ⅲ．①电力系统—网络拓扑结
构—结构最优化—方法研究 Ⅳ．① TM7

中国版本图书馆 CIP 数据核字（2021）第 119480 号

书　　名：电力网络拓扑优化与弹性提升方法研究
DIANLI WANGLUO TUOPU YOUHUA YU TANXING TISHENG FANGFA YANJIU

作　　者：李稳国　著
策划编辑：邵宇彤
责任编辑：卢　婵
责任校对：陈　曦
装帧设计：优盛文化
出版发行：吉林大学出版社
社　　址：长春市人民大街4059号
邮政编码：130021
发行电话：0431-89580028/29/21
网　　址：http://www.jlup.com.cn
电子邮箱：jdcbs@jlu.edu.cn
印　　刷：定州启航印刷有限公司
成品尺寸：170mm×240mm　　16开
印　　张：13
字　　数：212千字
版　　次：2021年6月第1版
印　　次：2021年6月第1次
书　　号：ISBN 978-7-5692-8456-0
定　　价：68.00元

前　言

智能电网是由互为耦合的物理电网和信息网构成的超大规模人造复杂巨系统，面临包括内部设备、自然灾害、人为因素与信息攻击等来自物理电网及信息网络方面的安全威胁。近年来全球发生的诸多停电事故凸显了电力网络拓扑结构的脆弱性以及对难以预测的极端灾害性事件的弹性准备不足。另一方面，分布式电源、柔性输电、信息化控制及智能电气设备等新设备和技术的应用赋予了智能电网更多灵活有效的故障应对策略与措施，使得智能电网实现弹性发展和主动提升成为可能。在此背景下，展开对电力网络进行拓扑优化和弹性优化与控制相关的研究刻不容缓，这对确保我国能源安全与保证重要基础设施在各种扰动事件下持续可靠用电具有重要的战略意义。

本书基于智能自治和自愈恢复理念，综合运用系统弹性理论、复杂系统理论以及优化与控制理论和技术，对电力网络弹性量化表征与度量方法、拓扑结构特性分析与关键节点及边快速辨识方法、拓扑弹性优化理论与方法、系统弹性（含吸收、响应及恢复弹性）提升方法等方面开展深入研究，力求形成一套覆盖事故处理全过程的电力网络拓扑优化与弹性提升理论、方法及控制技术体系，为智能网络提供快速、准确、可靠的控制决策和技术支持，提升电力系统应付重大灾变和突发事件的能力。本书开展的基础性研究工作以及取得的创新性研究成果如下。

第一，本书在第 2 章中提出了一种电力网络弹性量化表征与度量方法。首先，将电力网络映射到物理弹性系统，定义电力网络弹性的概念，给出了电力网络拓扑弹性及系统弹性的内涵特征；其次，对电力网络弹性相关的外部作用力、应力、应变、弹性系数、弹性势能及弹性余能等概念进行定义与量化表征，并分析电力网络弹性稳定性判据；然后，从拓扑结构的角度提出了采用弹性形变范围内的总弹性势能量测电力网络拓扑弹性的度量方法；最后，从能量角度，从系统功能、应力、时间三个维度，提出了电力网络系统弹性（吸收、响应及恢复弹性）的度量方法。该理论与方法为电力网络弹性优化理论与控制技术相关研究奠定了基础。

第二，木书在第3章中基于图论及复杂网络理论，深入分析了电力网络的通用拓扑结构特性，重点剖析电力网络的社团化（模块化）与层次化的拓扑特征，揭示了电力网络社团间及层级间的自相似特征、层－核结构特性、层级间能量传输距离特性以及高层级子网在桥接各社团中的关键作用。本研究构建了一种社团化与层级化分解模型，据此提出一种电网介数快速分解计算方法，并通过本书定义的定理与推论对其进行了严格的理论推导与论证。仿真实验结果验证了介数快速分解方法的有效性、效率及其在动态在线更新与并行计算中的应用。

第三，本书在第4章中基于弹性量化表征与度量方法，研究恶意攻击下的电力网络拓扑弹性提升最大化问题。依据复杂网络理论并基于恶意攻击下的电力网络解列崩溃机理，建立电力网络拓扑弹性理论优化模型；在此基础上，通过理论分析和论证框定拓扑弹性最大化提升的途径，并提出一种基于后验性的加边的拓扑弹性优化算法，实现拓扑弹性最大化提升。仿真结果表明，本书拓扑弹性优化方法能显著提升电力网络拓扑弹性且能很好地维持原有网络拓扑功能不变。这种方法有助于揭示网络中隐藏的功能，指导网络弹性系统的设计，提供高效方法来应对恶意攻击以及提供自我修复以重建失效的基础设施系统。

第四，本书在第5章中提出了一种基于对等式网络保护的电力网络吸收弹性提升方法，旨在借助信息系统对电力网络的扰动进行快速吸收以最小化扰动造成的影响。本书依据电流差动保护原理并通过调整启动电流阈值躲过负荷电流，实现后备的故障定位；提出一种设备故障检测方法用于预测主保护的失效状况；在此基础上，提出一种一体化的后备保护策略，该策略在正常操作阶段闭锁设备相关的主保护，电气故障后立即启动相应后备保护代替预测失效的主保护，加速了电气故障的后备定位与隔离并能最小化故障隔离范围。仿真与动模实验结果验证了吸收弹性提升方法的有效性及工程实用性。

第五，本书在第6章中提出一种基于分布式多代理自愈控制的响应与恢复弹性提升方法。本书构建了一种新颖的缩减模型和自愈恢复模式，降低弹性计算维度和信息迭代次数；将自愈恢复问题数学表述为一个多目标优化问题，并通过建立网络流模型和提出自愈恢复策略来解决这个多目标优化问题；所提出的自愈恢复策略融合了网络重构和计划孤岛算法，能以最小开关操作次数实现最大化负荷恢复，且能通过参数的调整显著缓解负荷及分布式电源间歇性波动的影响；构筑了一种针对不同身份属性代理的统一编程框架，使得各代理能依据自身的身份属性及故障点位置，自主执行与其对应的任务，并最终通过各代理的分工协作实现自愈恢复目标。测试结果表明，所提出的响应与恢复弹性提升方法能显著增强配电网的弹性性能，具有一定的工程应用价值。

作 者
2021 年 1 月

目　录

第 1 章　绪论

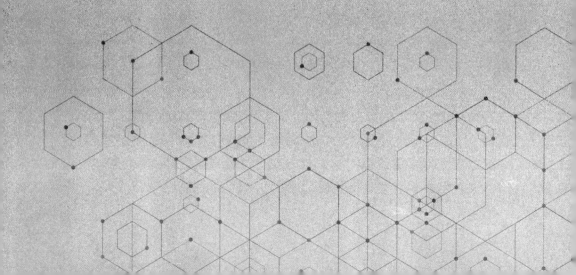

1.1　选题背景与研究意义

1.1.1　电网弹性的发展背景

电力系统作为重要的基础设施，关系到国家安全和国民经济命脉。电力网络是电力系统中除发电设备和用电设备外的其他部分，包括变电、输电、配电三个环节，它将分布在不同地域的电厂和用户连接起来，将集中和分布式生产的电能分散输送至各电力用户。电力网络按功能可分为输电线路、区域电网、联络线和配电网络。随着技术水平的不断提升，智能电网、泛在电力物联网及能源互联网的建设与发展已经成为必然趋势 [1]。智能电网是在原有物理电网信息化改造的基础上，由互为耦合的信息网和物理电网构成的超大规模二元耦合网络（cyber-physical power grid，CPPG）[2]。智能电网战略的推进，促进了信息 – 物理系统（cyber-physical system，CPS）的深度融合 [3]。我国智能电网是以坚强特高压电网为骨架，各层电网协调发展的电力网络；依靠综合信息系统提供安全可靠的信息，实现电网的自我感知、安全预警和自愈恢复 [4]。泛在电力物联网是泛在物联网在电力行业的具体表现形式和应用落地，对内表现为增质提效，对外表现为协同发展 [5]。泛在电力物联网将电力用户、电网企业、发电企业、供应企业及其设备以及人与物连接起来，并以电网为中心枢纽产生共享数据，为用户，电网、发电企业，及国家社会提供价值服务。坚强智能电网与泛在电力物联网一起构成能源互联网 [5]。能源互联网是以电力网络为核心，以包括泛在电力物联网在内的先进的信息技术为支撑，耦合多种能源网络构成的综合能源系统 [6]。能源互联网容纳大规模的、分布式的清洁能源接入，通过特高压、交直流输电技术等实现各种能源的跨区（洲）域互联 [7]。

电力网络是人造复杂巨系统，其本身存在诸多尚未解决的安全性问题，面临着包括内部因素（设备老化、保护误动等）、人为因素（误操作、外部施工等）、自然灾害因素（气候灾害、地震、海啸等）、物理安全因素（电磁脉冲攻击）等在内的各种传统的扰动或攻击。随着智能电网、泛在电力物联网及能源互联网的快速发展，电力网络的高度信息化与跨区域互联增加了智能电网的动态行为的复杂性，给电力系统的安全运行和维护带来了新的挑战，具体表现为：

（1）信息化在提升电力自动化水平、提高社会生产效率和改善用户体验的同时，也给智能电网带来了信息安全方面的隐患。乌克兰大停电事故就是一起电力二次系统遭受信息网络攻击（虚假数据注入）引发一次系统故障的典型案例[8]，2019 年 3 月的委内瑞拉大规模停电是继乌克兰大停电事故后遭受信息网络攻击的另一案例[9]。

（2）大规模的、分布式的可再生清洁能源、微电网以及蓄能容纳接入和就地消纳减少了输配线路的线损和建设成本，但其间歇性和波动性不仅影响电网的电能质量，还将造成电力系统继电保护、自动装置误动作，进而影响电力系统安全运行。例如，2017 年澳大利亚南部沿海风雨、闪电造成了南澳大利亚"9·28"大停电事故[10]。

（3）区域电网大规模互联实现了区域能源互补，提高了电网运行的可靠性；然而，网架结构的扩大造成某些联络线承担大量的功率传输，可能造成更大规模的停电故障。例如，在 2019 年的巴西"3·21"大停电事故中，巴西西北电网故障后的大规模潮流通过联络线转移，造成巴西全境电网遭受影响，损失负荷 2174 万 kW（27% 的全网负荷）[11]。

（4）电力网络内部相继故障及电力网络与其他网络间的连锁故障是造成大停电事故的根本原因。由此，一个小故障（自然灾害、物理故障、信息攻击）能快速蔓延到整个网络导致大停电事故发生。例如，2003 年意大利电网因信息网与物理电网间的连锁故障造成大面积停电事故[2]。

电力系统是关系到国计民生的重要基础设施，不仅要满足正常环境下的可靠运行，更需要在扰动情况下维持必要的功能。表 1.1 归纳了部分国内外大停电事故。表 1.1 表明，近年全球发生的诸多停电事故凸显了电力系统对难以预测的极端灾害性事件的准备不足，甚至显得极为脆弱。在此背景下，对电力网络进行拓扑优化，增强电网弹性逐渐成为各国政府着力发展的国家战略[12]。

表 1.1　国内外大停电事故统计表

扰动类型	具体来源	时间	地点	停电规模 /h	损失 / 影响
内部因素	发电机组停运	2003 年 08 月	美国 [14]	29	61 800 MW
	误动跳闸	2019 年 03 月	巴西 [11]	7	21 735 MW
自然灾害	冰灾	2008 年 06 月	中国南部 [15]	720	14 820 GW
	暴风、闪电	2016 年 09 月	南澳大利亚 [16,17]	14	1830 MW
信息攻击	虚假数据	2016 年 01 月	乌克兰 [8,18]	6	8 万用户
	电磁脉冲等	2019 年 03 月	委内瑞拉 [9]	28	70% 负荷

1.1.2　电网弹性的发展趋势

电网弹性是指电力网络在受到外部极端事件扰动或恶意攻击时，维持其基本功能并能在扰动后快速恢复的能力 [13]。电网弹性形象地反映了系统应对扰动的快速响应能力，其最重要的特征是电网拓扑结构的弹性承受力、扰动下的弹性吸收力、响应力以及恢复力。电网弹性能够更好地应对小概率及高损失的极端事件，将事件影响及范围最小化并具备快速恢复电力供应的能力。发展电网弹性的具体目标为：①为电力网络提供坚强的拓扑架构以提升其自身免疫能力，通常表现为扰动或攻击事件前的准备和预防；②当电力网络受到外部极端事件扰动或攻击时，能及时响应、吸收扰动，使系统重趋稳定并极力将扰动影响及范围最小化；③在灾害破坏无法避免的情况下，能灵活适应环境变化并快速有效地恢复电力供应。随着智能电网的快速发展，分布式电源、微电网、主动配电网、柔性交直流输电、信息化控制、电力电子化及智能电气设备等新设备和技术的应用赋予了智能电网更多灵活有效的故障应对策略，使得电网弹性的发展和实现主动提升成为可能。

基于此，目前世界各国已相继开展与电网弹性有关的理论研究。美国是首先提出电网弹性目标的国家，已将提升电网弹性上升到国家战略。日本在电网弹性方面也有着明确的方向，发展与研究内容也较多，涉及提高其国内的能源网络恢复力，建立多层次、灵活的供电用电结构，以及构建完善的弹性能源结构。欧盟在战略能源联盟合作框架中明确提出，加强对极端自然和人为扰动事件的应对能力，以及保障快速能源恢复力 [13]。总体上，目前电网弹性相关研究在国内外刚刚起步，为与国际研究保持同步甚至掌握先机，我国亟须马上开展电网弹性相关研究，确保我国电力安全。

因此，开展对电网弹性相关的弹性理论、拓扑优化、弹性优化与控制技术及方法等方面的研究刻不容缓，这不仅对智能电网的安全性和可靠性有提升作用，还对确保我国能源安全，保证重要基础设施在各种扰动事件下持续可靠用电具有重要的战略意义。

1.2　电力网络拓扑优化与弹性提升国内外研究现状

1.2.1　复杂系统弹性定义及其量化表征与度量方法

1. 复杂系统弹性概念的提出及其发展

系统弹性的概念最早由生态学家 Holling 提出并引入生态系统领域，他指出，系统弹性为系统的持久性和应对变化（或扰动）的能力并保存种群或状态变量之间的相同关系 [19]。此后，有关系统弹性的研究得到越来越多的关注，并逐渐将弹性概念扩展到关键基础设施系统 [19-21]、通信网络 [22,23]、物流和运输网络 [24,25]、经济社会学 [26] 以及耦合网络系统等领域 [27]。目前，已出现 70 多种有关系统弹性的定义 [28]，尽管各种不同系统带来了弹性定义的差异，但大多数弹性定义都以 Holling 的定义为主导。系统弹性早期研究工作大部分都集中在确定系统的弹性和某些共同属性的定义上，如缓解扰动行为和扰动后的快速恢复。这些出现在各种科学领域中的定义通常适合某种特定应用，但也共同构建了我们对弹性概念的理解 [29]。后期的弹性定义集中在以最小故障中断维持系统功能所需的损失及损失的恢复上 [30]。

评估企业系统弹性行为的主要方法是测量关键性能指标，企业脆弱性和可恢复性可通过该性能指标值的变化加以量化 [30]。在工程复杂系统领域，不同于传统的鲁棒性、可靠性和风险评估等研究，弹性概念除指吸收扰动能力之外更强调系统的适应性和可恢复性。这种观念的转变在政府和工程行业很容易观察到，且开始改变人们处理系统工程的方式。对于如信息‐物理系统、军事和经济系统等相互耦合的复杂系统而言，弹性的需求尤为强烈 [31]。美国国防部表示，一个系统架构在敌对行动或不利条件下，如能够以极高的概率提供任务成功所需的功能，那么该架构是具有弹性的；在各种场景、条件和威胁下，这种弹性体系架构还应维持短时间内降低的系统功能 [32]。在非军事应用中，系统弹性通常强调动态系统的可恢复性，也即系统或组织在早期阶段对干扰做出响应并从中恢复的能力，并最小化其动态稳定性影响 [33]。

复杂系统弹性就是指电力网络系统所具备的一种即使在系统遭受破坏的情况下也能维持其基本安全运行并在可接受的时间内以可接受的总体成本逐渐恢复到接近正常状态的能力 [13]。提高电力网络弹性并不是追求建立一种完美的系统来抵御攻击，而是通过信息网络综合运用防御、侦查、自适应、自愈恢复策略和技术来动态响应当前和未来的网络攻击 [30]。当前网络威胁愈演愈烈，无处不在，而且具有复杂性、自适应和持续性等特点，期望完全抵御各种威胁已不再可能，网络防御重点从网络保护向遭受攻击后仍能确保任务的有效性方向转变，即开展网络弹性研究。传统的系统工程尝试"通过经典的可靠性方法来预测和抵制干扰（或中断），如组件级别的冗余（N-1 原则）和系统级别的预防性维护"。相比之下，电力网络弹性将重点转移到在存在潜在威胁或故障的情况下通过自适应以维持和恢复关键系统功能 [34]。电力网络弹性不仅关注抵御风险的能力，更侧重网络事故中的吸收能力和事后的快速响应与恢复能力。美国国家科学院提供了类似的细分，增加了准备和计划作为额外的能力 [35]。Linkov 和 Fox-Lent 等人以弹性矩阵的形式呈现这些能力，并将各种系统域映射到每种能力上 [36,37]。电力网络弹性为电力网络空间安全提供了一道更具宽度和厚度的闸门，包含了原来的防御和应急响应，变事后为事前，化被动为主动，更重要的是，它为战胜高级持续性人为恶意攻击提供了有效手段。

有关文献还讨论了网络弹性与网络其他安全有关的系统属性（如鲁棒性、脆弱性和可靠性）之间的联系与区别。鲁棒性通常被定义为扰动下的不敏感性，旨在最大限度地减少干扰后的系统性能损失；相比之下，网络弹性允许一定的系统性能损失，更强调随着时间的推进恢复系统性能 [38]。脆弱性主要指对已知干扰的敏感性。可靠性表征系统及其组件在特定时间段内在规定条件下执行所需功能的能力，旨在最小化失败概率 [39]，如通过平均故障间隔时间分析可靠性 [40]。网络弹性建立在这些对外界扰动影响的缓解能力等概念的基础上。现代系统的复杂性和相互依赖性使识别和防止所有可能的干扰变得不可能，关注已知和预期的威胁并通过可靠设计、漏洞评估和可靠性工程可能会使系统免受意外的威胁。电网弹性旨在设计不仅能够预防或吸收干扰而且能够随着时间的推移从干扰中恢复的电网系统 [38,39]。电网弹性同时也是一种电网拓扑结构属性，因为它主要源自电力系统的组织或拓扑结构。同样，鲁棒性和脆弱性也具有拓扑结构性，但可靠性更侧重于功能性组件的设计。

综上所述，复杂系统弹性一般被定义为系统干扰前的准备和预防、对干扰的吸收、成功地适应干扰及干扰后恢复的能力：①准备和预防作为额外的能力是指通过改进拓扑结构来提升系统应对干扰的免疫能力，如辨识关键节点和边并采取相应的事前保护措施，以及分析复杂系统的拓扑结构特性并对其进行优化；②吸收能力是指系统能够自动吸收扰动进入亚稳态，将其影响降至最低；③响应能力侧重于响应干扰的内生机制，具体表现为系统恢复前的准备；④恢复能力侧重于外生系统修复能力，对电力网络来说，表现为借助弹性控制系统（信息系统）恢复非故障失电区的电力供应并进入新稳态。

2. 复杂系统弹性量化表征与度量方法

复杂系统弹性的定义可以用于辨识系统属性以及对系统弹性进行定性评估。然而，对于弹性系统开发者和系统有效弹性策略提供者来说，还需要用于定量评估弹性特征的方法和指标，以便对研究的弹性系统进行严格和可追溯的比较。弹性特征定量研究可以为弹性系统中出现的问题和现象建立数学模型，并用数学模型计算和分析各种系统弹性特征指标，进一步为弹性系统的设计和系统弹性提升策略提供有效依据。因此，有必要对电力网络弹性量化表征与度量方法进行深入的研究。

文献 [41] 在民用基础设施中采用弹性三角模型定义了弹性的四个维度，即鲁棒性、快速性、谋略和冗余度，并据此提出了一个确定性静态弹性度量方法，用于测量社区对地震的弹性损失：

$$\text{RL} = \int_{t_0}^{t_1}[100 - Q(t)]\mathrm{d}t \tag{1.1}$$

式中：t_0 是事故发生中断时间，t_1 表示社区恢复到其正常的中断前状态的时间，$Q(t)$ 代表 t 时刻的社区基础设施功能并可用几种不同的性能指标表示。这种度量方法将退化的基础设施的质量与恢复期间的计划基础设施质量（100）进行比较。较大的 RL 值表示较低的弹性，而较小的 RL 表示较高的弹性。这种弹性三角形度量方法的优点在于它的普遍适用性，因其提出的系统质量是通用概念，虽以地震为背景，却可扩展到许多其他系统。但该方法假设社区基础设施的质量在地震前达到 100% 是不切实际的。

文献 [42] 在文献 [41] 的基础上提出了弹性三角形范式，其采用一段适当长的时间间隔 T^* 的总可能损失百分比来表征系统弹性度量：

$$R(X,T) = \frac{T^* - XT/2}{T^*} = 1 - \frac{XT}{2T^*} \tag{1.2}$$

式中：$X \in [0\cdot1]$ 表示扰动后的系统功能损失百分比，$T \in [0\cdot T^*]$ 是系统完全恢复所需时间，T^* 为适当长的时间间隔且 T^* 时间间隔内系统失去的功能已确定。文献 [42] 采用 X 和 T 的不同组合来区分弹性三角形中的相同水平的系统弹性，克服了文献 [41] 方法存在的不足，为相同级别的弹性损失功能和恢复时间之间的权衡提供了辨识依据。随后，文献 [43] 通过扩展式（1.2）获得了一个扩展的弹性度量，用于量测多个连续破坏事件造成的损失和部分恢复的弹性。这一扩展量度的优点是它的简单性，然而，对于大多数的非线性系统和扰动事件，其提出的线性恢复不太可能现实。

文献 [34] 提出一种与时间相关的弹性量度，将弹性量化为恢复与损失的比率：

$$R_\varphi(t \mid e_j) = \frac{\varphi(t \mid e_j) - \varphi(t_d \mid e_j)}{\varphi(t_0 \mid e_j) - \varphi(t_d \mid e_j)} \tag{1.3}$$

式中：$\varphi(t)$ 是系统在时间 $t \in (t_d \cdot t_f)$ 的功能函数 [或性能系数（figure-of-merit）]。采用该度量的弹性系统分为三个阶段：①稳定的原始状态，它代表系统发生中断（扰动）之前的正常功能，从时间 t_0 开始并在时间 t_e 结束；②扰动事件 e_j 在时间 t_e 发生直至扰动在时间 t_d 结束后的亚稳定状态，描述从时间 t_d 开始到 t_s 系统的性能；③弹性恢复后的稳定状态，指的是从时间 t_s 开始直至恢复在时间 t_f 结束后新的稳态性能水平。该弹性度量的分子意味着到时间 t 时系统损失的恢复量，而分母是指由于扰动 e_j 导致的总损失。文献 [34] 还计算了扰动后的恢复系统的总代价（弹性行为的实施成本）和系统因扰动而无法恢复操作产生的损失成本总和。文献 [44~47] 基于文献 [34] 的系统状态转换及式（1.3）扩展了弹性的度量和规划，但均没有脱离这一与时间相关的弹性量测体系。这些与时间相关的弹性量度 [34,44~47] 的最大优势在于其能评估系统在任意恢复时间内的动态恢复性能。

文献 [48] 提出一种积分弹性度量方法，将文献 [34] 中系统功能函数 $\varphi(t)$ [$t \in (t_d, t_f)$] 扩展覆盖任意时间 $t > t_0$，重点关注捕获足够大的时间 t 范围内的未来系统演化效应：

$$R_{\text{inte}}(t) = \frac{\int_{t_0}^{t} \varphi(u)\mathrm{d}u}{\int_{t_0}^{t} \hat{\varphi}(u)\mathrm{d}u} \tag{1.4}$$

式中：$\hat{\varphi}(t)$表示系统在无扰动情况下的系统功能目标值。从其定义式可知，这种积分弹性函数归一化了扰动后的系统功能，与扰动事件的绝对影响无关。

文献 [30] 在上述时间及系统功能函数的基础上引入应力函数（stress function）ϕ，提出了一种多维弹性函数 $R_X(t, \phi, \varphi)$，并给出了多个扰动事件下系统的总体弹性：

$$\rho_S = \frac{\sum_{j=1}^{n_{\text{disr}}} \int_{t_0}^{t} R_X(u)\mathrm{d}u}{n_{\text{disr}}t} \tag{1.5}$$

式中：n_{disr} 为扰动事件的数目。为了更好地比较系统弹性性能，文献 [30] 还设计了一种称为热图（heat map）的可视化工具。然而，这种多维弹性函数并没有给出明确的定义式，这将给该弹性度量方法的应用带来困难。

事实上，有关弹性的定义及其特征度量方法很多，《自然》刊物评论文章总结得出的有 70 多种 [28]，上述文献回顾仅给出当前最为经典的和应用最为广泛的弹性定义和弹性特征评估指标或度量方法。除上述弹性度量方法外，还存在定性的弹性评估方法 [49, 50]、概率方法 [51,52] 以及基于结构的优化模式 [53]，有兴趣的读者还可以阅读有关综述性文献 [28,54~56]。

以上关于复杂系统的弹性的定义及度量方法具有一定的通用性，更多的是针对某一特定的系统或应用于某一特定领域。电力网络作为最大的人工复杂巨系统，在拓扑结构、运行模式及扰动方式方面有其独特性，上述研究为设计弹性电力网络以及提升电力网络弹性提供了有益基础，但在具体的电力网络弹性特征量化方面还存在以下问题需要深入研究：①电力网络的扰动源具有多样性（内部的、外部的、自然灾害、人为恶意攻击、信息网络攻击等），扰动方式各不相同（如虚假信息注入、电磁干扰等），扰动造成的影响深度和规模不一，如何统一定义和量化这些扰动事件及其影响是难点之一；②电力网络拓扑结构作为电网弹性特性之一，将其表征是设计电网弹性或提升电网拓扑弹性的一个关键因素；③电力网络的复杂性及服务性决定了其系统功能、弹性吸收力、自适应响应能力及弹性恢复能力等弹性特征的量化表征的复杂性；④电力网络弹性量化表征与度量涉及拓扑结构、扰动事件及其影响、弹性吸收（保护）、弹性恢复及整个过程中的时间等因素，对其采用统一的框架进行表征、量化和度量极具挑战性。

1.2.2 电力网络拓扑结构与关键元件辨识研究

随着交直流特高压及柔性输电工程建成投入运行，我国电网进入了"特高压、全国互联大电网"时代。电网的大规模互联也成为全世界范围内电力系统发展的必然趋势。这种区域性互联形成的超大电网能够实现电力的跨区域输送，优化资源配置，同时也给电力系统的安全运行、建模、仿真带来了挑战[57]。近年来，世界范围内一系列连锁故障和大停电事故的频繁发生促使人们从系统科学的角度来分析电力复杂网络拓扑特性，辨识电力系统的关键节点及线路[58,59]，进而探索电力网络拓扑优化途径以及拓扑弹性提升方法[60]。

1. 电力网络拓扑结构及其演化

将电力系统看成一个网络，用复杂网络特性的统计指标描述电力系统整体的状态和动力学行为，进而研究电力复杂网络的拓扑特性，是电力复杂网络研究的常用方法[58]。通常情况下，将电力系统中的发电厂（电源点）、变电站（负荷点）和中间电气连接点（传输点）抽象成电力网络中的节点，将输电线及变压器支路作为电网拓扑模型中的边，这些抽象的节点和边形成电力网络，可用图（gaph）表示。如果考虑节点（发电、传输容量、受电量）及输电线路参数或传输潮流大小，则可将电力网络视为加权电力复杂网络[61]。复杂网络结构特征的度量参数主要包括有向或无向、节点及边的权重、节点总数、边的总数、平均度数、平均路径长度、聚类系数、节点度及其分布、节点及边介数及其分布、度 – 相关系数等。

以实际的电力网络作为研究对象是电网拓扑分析领域的主要分支之一。文献 [62] 分析了 115 ～ 765 kV 的北美电网，该电网由 14 099 个节点和 19 657 条边组成。研究发现，尽管该电网的度分布呈指数分布形态，但在攻击和故障方面表现出与无标度网络类似的行为。文献 [63] 忽略了电力传输细节，采用复杂网络方法对意大利电网拓扑结构进行了分析，分析显示，该电网本身包含对级联故障脆弱性的足够多的信息；进一步的结果表明，该电网节点负载分布表现出很高的异质性：虽然大多数节点接收的负载很小，但是少数枢纽节点（hub node）必须传送极高的负载，其中一个枢纽失败就会导致大规模停电。文献 [64] 采用无标度 BA（Barabasi–Albert）模型对北美东部和西部输电网的可靠性展开了研究，实验证实了东部和西部输电网的拓扑结构均具有无标度特性。基于这一事实，该文献仅使用关于传输网络的最一般的拓扑数据便成功地证明了所提出的 BA 网络模型的准确性。为评估节点和（或）边被移除对电网脆弱性的影响，文献 [65] 分析了三个欧洲电网（西班牙 400 kV 电网、法国 400 kV 电网和意大利 380 kV 电网）的拓扑脆弱性，分析表明，这三个电网均表现出非常大的聚类系数和更大的特征路径长度而非表征小世界系统的随机网络。文献 [66] 通过评估将每个电网分成两个子网所需的最小链路（最小割问题）分析了每个网络结构脆弱性，其得出的结论是每个国家的具体地理位置对网络地形和相关的脆弱性有很大影响。文献 [67] 调查了北欧电网，包含瑞典、芬兰、挪威和丹麦这四个国家的输电网，北欧电网的聚类系数都明显大于随机网络，而其平均路径长度是等效随机网络的两倍多。文献 [68] 通过建立小世界拓扑模型对比分析了中美电网拓扑特征。此外，文献 [69] 详细地分析了整个欧洲传输电网（220 ~ 400 kV）的拓扑结构特性，并与随机网络和无标度网络进行了对比研究。

上述文献研究中的大多数复杂网络分析侧重于高压输电网络流，仅展现了电网部分拓扑属性 [70]。文献 [71] 分析了电力运输协调联盟（UCTE）电网（110 ~ 400 kV）内的 33 个网络，发现所有网络呈指数分布特征，并指出大多数网络不是小世界拓扑结构，但网络在随机和目的攻击下显示出与无标度网络类似的脆弱性行为。文献 [72] 将研究范围转移到荷兰北部的中低压电网，旨在将其潜力理解为一个可行的基础设施，以使电力分配非本地化。研究发现，相比高压电网节点度的指数分布，中低压电网的节点度分布倾向于幂律分布，这意味着中压和低压电网从高压电网接收电力的节点数量相当少而在较低电压下将其分配给更多的变电站。此外，文献 [73] 研究的韩国复杂电网包含比其他文献中电力网络更宽的电压范围（3.3 ~ 765 kV），并包括终止于配电变电站和变压器的子传输电路。该文献使用这些网络数据研究了韩国电网的拓扑属性及其结构的脆弱性和弹性。

拓扑结构的生长演化机制及模型是电力网络拓扑结构研究的第二个分支。研究电力系统结构特性和网络模型的复杂自适应演化过程有助于对网络的形成、生长、合并、分裂及消亡等的变化机制及其原因的解析，更为优化结构、改造网络提供了有力依据 [74]。文献 [75] 基于电力网络本身的演化机理，对 BA 无标度网络模型进行扩展和改造，构造出一种复杂电力网络的时空演化模型。文献 [76] 提出并研究了一种可以模拟电力网络演化规律的新型局域时间演化模型，得出电力网络异于无标度网络又非完全随机网络的结论。文献 [77] 提出考虑区域性的复杂电力网络演化模型，该模型的度分布与实际电网较相符。

文献 [78] 构建了小世界电网生产演化模型，验证了小世界特性是电网长期趋优演化的结果。文献 [79] 比较研究了不同网络的拓扑结构和生长模型，展现了不同连接机理在提升网络可靠性和降低路径成本方面所扮演的重要角色。文献 [80,81] 总结了国内外电网和电网技术的发展过程，提出了三代电网的概论，并比较分析了三代电网的主要特征。文献 [82] 结合复杂理论与全球统计测量对智能电网的演化特性进行分析，研究表明，小世界模型在结构和电力分配方面具有可行性。

上述最具代表性的文献展现了高压输电网络及电网演化模型的拓扑特性，有助于电网网络脆弱性分析与弹性提升研究。但还有几个关键问题有待深入研究，包括：①获取含配电网和输电网的实际电网的完整拓扑数据，分析实际电网层次化与社团化结构特性，深入剖析整体与个体、底层与高层之间的异同、联系及依附关系；②在分析拓扑结构的基础上，从能量传输角度深入分析能量在社团间及不同电压层级线路间的传输特性及传输机理，进一步揭示社团间联络线路及层级间联络线路的关键作用；③在前述的基础上，以异于传统的角度，即从能量角度，对电力网络关键节点及边进行辨识与定义，并为复杂网络研究中的社团划分提供新的思路；④根据电力网络拓扑结构特征，特别是其社团化及层级化结构特性，为电力网络调频控制、弹性控制或复杂网络控制中的控制节点提取及社团内和不同层级的控制权划分提供新的思路和依据。

2. 关键节点及边快速辨识算法

关键节点及边的辨识或定义方法有很多种（详细的介绍可见下一小节），介数中心（betweenness centrality，BC）是其中的一种。介数中心性是衡量网络节点或边在整个网络中的作用和影响力的一个重要的全局几何拓扑参量，定义为网络中所有最短路径中经过该节点或边的路径数目，或归一化定义为网络中所有最短路径中经过该节点或边的路径数目占最短路径总数的比例，通常情况下介数中心性可分为节点介数和边介数 [82,83]。目前，介数中心性已广泛应用于复杂网络及复杂系统领域，如用于检测生物网络的社区结构 [84]，分析社交网络 [85]、生物网络、蛋白质网络的拓扑结构 [86]，控制航空网络的同步 [87,88]，提升电网弹性抵御恶意攻击 [2,89]，等等。

介数中心性求解计算涉及网络所有节点对之间的最短路径搜索计算。自介数中心性概念 [92,93] 提出以来，先后已有许多相关研究尝试提升介数中心性的计算性能。早期的 Floyd 介数中心性方法 [90] 的计算复杂度为 $O(n^3)$（其中 n 是网络节点总数），其过高的计算复杂度限制了其在动态在线分析领域

（如实时交通导航和估计以及大规模通信网络中的病毒传播控制）的应用[91]。Brandes利用网络节点对依赖性提出了一种计算大型网络介数中心性的快速计算方法[94]。Newman在科学协作网的研究中提出了另一种介数中心性快速计算方法[85]，类似于Brandes介数中心性快速计算方法，Newman方法的计算复杂度也为$O(nm)$（其中m是网络中边的数量）。Puzis等人提出基于两种互补的启发式方法的介数中心性计算方法[95]。文献[96]介绍了一种快速的全动态介数中心性计算方法。文献[97~99]相继提出了几种近似的介数中心性计算方法。这些近似方法采用随机化的方法，在一定程度上提升了介数中心性的计算速度，但其计算准确度随着网络规模的增大而降低。此外，文献[100，101]通过改进Brandes的方法分别提出了介数中心性变种快速算法，如网络流介数中心性和随机游走介数中心性变种快速算法。上述介数中心性计算方法均需要全局结构信息来计算所有节点对间的最短路径，计算复杂度过高。对于大规模网络来说，这些传统介数中心性计算方法的过高时间开销限制了其在线应用。

另外，大多数实际复杂网络如社会网络[82,85]、电力网络[89]、通信网络[87]、生物网络[84,86]，呈现层次化和社团化的拓扑结构特性。对具有这种拓扑结构特性的网络，其各社区子网内部节点连接密集（强连接），而社区子网间的相连边则相对稀疏（弱连接）。受此启发，文献[84，102~111]利用网络的这种拓扑结构特性分别提出了社区探测（或称划分）算法[102]。例如，Girvan等人提出一种基于该拓扑特性的性能优异的社区检测算法[84]，该社区检测算法通过迭代删除高介数边逐渐分层分解网络以获得网络的社区结构。这种思想的逆向思维隐藏着介数中心性的快速求解的新思路，也即暗含网络的层次化及社团化拓扑结构信息可简化介数中心性计算。

1.2.3　电力网络拓扑弹性优化方法

电力网络的拓扑弹性（又称结构弹性）类似于材料弹性力学中的结构弹性，表征了电力网络的拓扑结构强度，表现为电网系统受干扰前的准备和预防。电力网络拓扑弹性优化指的是通过优化电力网络拓扑提升其拓扑结构强度，旨在以最小优化代价最大限度地降低未来扰动造成的影响，达到抵御或缓解恶意攻击的目的。电力网络拓扑弹性优化方法通常有免疫法、边交换法与加边法。前者通过免疫关键（或脆弱性）节点及边提升网络结构强度，后两者指的是通过交换边或加边改善网络拓扑结构。

1. 免疫法

电力网络是层次化与社团化的异构网络，其不同节点或边在结构和功能上扮演的角色不同；如果将电力网络视为弹性网络（如蜘蛛网），则其中的关键节点或边可视为网络骨架，那么将这些关键节点或边进行免疫 [改用更好的材料增强其弹性（类似于材料力学中的弹性系统）]，则无疑能大大提升电力网络的拓扑弹性性能 [112]。文献 [113] 较早对电网关键节点进行了定义，将高度节点（high degree，HD）或自适应高度节点（high-degree adaptive，HDA）视为最重要的节点。文献 [114] 涉及网络拓扑和节点负荷重要性，将网页排序（page rank，PR）算法应用于电网，辨识其重要节点。文献 [115] 定义了节点的亲密中心性（closeness centrality，CC），文献 [116] 定义了介数中心性及特征向量中心性（eigenvector centrality，EC）。文献 [117~121] 基于节点集群影响（collective influence，CI）定义了关键节点，这种定义方法不仅考虑节点自身特性还结合节点在群体中的影响，能更好地反映节点在整个网络中的重要性。另外，电网中的边的脆弱性辨识对提高电网弹性也有重要意义。然而，从复杂网络理论中纯粹的拓扑模型难以准确描述电网的实际特性，文献 [122] 基于复杂网络理论，提出了使用权重线路介数作为脆弱线路指标的辨识方法，定义的权重线路介数为发电机与负荷之间的最短电气路径经过而承受的负载和。文献 [123] 在纯粹拓扑模型的基础上，将对潮流分布有较大影响的线路电抗值作为边的权重，定义了最短电气距离，即用两节点间沿线边的电抗值之和代替边的数目。文献 [124] 考虑电网实时运行状态，引入衡量潮流分布不均衡程度的潮流熵概念，提出将线路潮流熵变化作为脆弱线路辨识的一个指标。文献 [125] 介绍基于 PR 的电网脆弱线路辨识模型，基于此模型给出线路脆弱度计算的解析表达式，并提出快速辨识脆弱线路的方法。大多数免疫策略将网络弹性提升问题映射到重要或关键节点或边的识别上，这些关键节点如果得到免疫保护，将能提升网络弹性并有利于减缓大规模相继故障的发生和扩散。然而，获得一个通用评价指标来量化节点或边在每种情况下的重要性几乎是不可能的 [112]。

2. 边交换法和加边法

拓扑优化是提高电力网络拓扑弹性的另外一种有效手段，目前相关研究主要集中于交换与增加电气线路（边）这两种方式。文献 [126~134] 在保持节点度（保持网络度分布不变）的基础上通过交换边对电力网络拓扑进行优化 [边交换法（edge-swap，ES）]。这种优化方式下的网络具有类洋葱结构（高度节点形成一个核心，核心外由度不断缩减的节点组成类洋葱状的辐射结构）。其中，文献 [133] 通过启发式边交换方式对电力网络进行优化，能在很大程度上提升电力网络拓扑的弹性；并提出了一种鲁棒性量测指标，对电力网络鲁棒性进行度量。文献 [135] 提出一种基于同配指数的贪婪边交换优化算法，能在一定程度上提升电力网络弹性，但是对于恶意攻击或扰动下的网络弹性的提升效果不是特别明显。上述基于边交换的拓扑弹性优化方法因其计算复杂度高、时间开销大并不适于大规模的网络弹性优化；此外，这种基于边交换的方法对网络的拓扑结构改造过大，造成网络的类洋葱状拓扑结构，势必影响网络的原始功能。另一种拓扑弹性优化方法是加边法（edge-addition，EA）[136~138]，这种方法的主要原理是通过给网络加边来增强网络拓扑强度。目前这种基于加边的拓扑弹性优化研究主要集中于给网络的低度节点间添加新的边以增强网络拓扑弹性。这种方法的特点是算法简单、计算复杂度低。其劣势在于弹性优化的效果相对较差，以至于要达到拓扑弹性优化效果需添加大量的边，这势必造成网络拓扑改造成本过大且会在很大程度上影响网络的原始拓扑功能。

综上所述，当前 ES 和 EA 这两种拓扑弹性优化方法均无法从理论上实现全局优化，因而无法保证弹性提升效果以及维持网络的原始拓扑功能。怎样结合电力网络层次化与社团化拓扑特性，提出一种更好的数学优化模型对电力网络进行全局优化进而最大化电力网络拓扑弹性，是一个具有挑战性的科学问题。

1.2.4 电力网络系统弹性提升方法

不同于电力网络拓扑弹性系统仅涉及物理电网本身，电力网络弹性系统包括电力网络（物理电网）及其相关的弹性控制系统（信息系统），即信息－物理系统（CPS）。电力网络系统弹性是指物理电网借助弹性控制系统（信息系统）应对扰动或攻击表现出的弹性吸收能力、弹性响应能力和扰动后的弹性恢复能力，且整个过程与时间强相关。吸收弹性是系统弹性的重要组成部分，是指弹性系统（信息－物理系统）通过系统保护、电压与频率稳定性控制等技术或方法，实现故障的定位和隔离并使系统趋于稳态，以达到自动吸收扰动并将其影响最小化的目的。电力网络响应与恢复弹性是指电力网络（物理系统）借助弹性控制系统（信息系统）对电力网络损失的系统功能进行快速响应与自愈恢复，旨在在最短的时间内以最小代价实现最大化系统功能恢复。本节主要综述通过保护和自愈控制方式提升配电网系统弹性的相关研究。

1. 基于主保护及后备保护的电网吸收弹性提升方法

随着电力需求的增长和人们对低碳环境的日益关注，可再生的分布式发电（distributed generation，DG）模式正在全球范围内获得商业和技术的推广，特别是在配电网络领域[140]。大多数国家对可再生能源的经济激励措施推动了 DG 的普及，在可预测的时间范围内 DG 还将进一步增长。由于 DG 的渗透率越来越高，传统的配电网络正在经历从单源辐射型系统到复杂的多源双向潮流系统的转变，这将导致与当前配电网的保护操作 / 处理误动[141]。DG 的渗透要求其相关保护在双向功率流条件下能够保持适当的协调（在故障条件下短时间内保持 DG 的电网连接），且在不可预测的故障电流下保护也必须有效[142]。此外，工业制造中心和高新区等高质量服务区要求更高的服务质量[143,144]。中国南方电网和国家电网在配电自动化系统领域的一些新技术规范 [《配电自动化远方终端》（DL/T 721—2013）、《配电自动化系统技术规范》（DL/T 814—2013）[145]和《配电自动化站所终端技术规范》（Q/CSG 1203017—2016）[146]] 中要求电力服务中断仅限于毫秒级且后备的故障隔离区域仅扩展到上一级继电器（或断路器）。上述情况促使电力网络（配电网）采取更快速、故障隔离范围更小的保护措施来提高电力供应可靠性和电力用户满意度，结合前述弹性定义及有关表征与度量理论及方法，从电力网络弹性角度来看，即需要提升电力网络（配电网）吸收弹性，以快速吸收扰动故障并最小化扰动影响。

为了解决上述问题，诸多研究者提出了基于新的原理和技术的保护方法以提升电力网络吸收弹性。这些保护方法按照保护信息来源可分为两类，见表 1.2。第一类是就地后备保护（local backup protection，LBP），其基本原理是使用本地信息来定位故障。另一类为广域后备保护（wide area backup protection，WABP），其基于广域量测信息，主要用于响应和处理系统级故障和异常工作条件[147]。

第一类保护方法中，传统的设备（重合器、熔断器或继电器）协调保护（device coordination protection，DCP）主要应用于辐射型配电系统，在 DG 渗透条件下易于失调[148]。文献 [149] 提出了一种新方法，通过对重合闸 - 熔丝器间协调状态进行分类来尽量避免失调情况。文献 [150] 针对 DG 渗透的辐射型配电网，提出一种最优重合器 - 熔断器协调方案。近来发展的自适应设备协调保护（adaptive device coordination protection，ADCP）方案[151~154]依据实际系统状态自适应地更新继电器设置，能够为 DG 渗透率高的配电网提供高效的主保护和后备保护。自适应距离保护（adaptive distance protection，ADP）[155, 156]虽与时域过流保护相比具有选择性优势，但时常遭遇欠压问题，因为 DG 产生的馈电会导致上游继电器产生阻抗，造成计算评估阻抗高于实际阻抗。此外，在上述距离过电流后备保护中，步进设定规则将导致超长延时，此延时通常为 0.5~1.5 s，这严重威胁设备甚至整个配电系统的稳定性。时域差动保护（time-domain differential protection，TDP）方法 [157] 能够提供快速、安全和可靠的解决方案，但它仅适用于传输线路的主保护。

表 1.2　传统保护方法优点和缺点比较

方法类别	方法	优点	缺点
LBP	DCP [149,150] ADCP [151,154] ADP [155,156] TDP [157]	快速、可靠、低成本、通信简单	不适合含高渗透的 DG 配电网
WABP	PMUP [158_162] WADP [163_165] WAIP [166_170] WADP [171_177]	系统层面的效果，灵活、可靠、高智能	补救措施类方法，响应速度低、通信复杂

　　广域测量系统（wide area measure system，WAMS）的日益普及促进了广域后备保护方法的发展。广域后备保护方法通过使用广域量测信息替代本地信息进行故障的定位和隔离，基于相量测量单元的保护（phasor measurement unit-based protection，PMUP）方法 [158~162]，利用来自 PMUP 的时间同步测量数据信息为配电系统提供有效保护。然而，因经济成本限制，PMUP 无法安装在所有母线上；另外，测量噪声和通信错误也可能导致保护失败 [158]。通过结合现有距离保护区域信息，基于广域的距离保护（wide area-based distance protection，WADP）方法 [163~165] 可以识别传输线的故障；但 DG 的波动（或断开）可显著改变故障线路的正序阻抗，导致距离继电器误动。广域智能保护（wide area intelligent protection，WAIP）包括多目标优化 [166]、神经网络 [167] 和基于多代理的方法 [168~170]，可解决 DG 高渗透的问题。然而，如果 DG 渗透导致网络拓扑发生变化，广域智能保护必须重新计算参数，因而给保护系统带来巨大的通信和计算开销 [143]，且广域智能保护中的主保护和后备保护通常需要按照不同的原则运行 [170]。广域差动保护（wide area differential protection，WADP）[147,171~177] 将保护区域扩展到相邻区域，

提供快速的主保护以及具有良好选择性的后备保护。然而其不可避免地严重依赖监控和数据采集（supervisory control and data acquisition，SCADA）的控制系统。对于复杂大规模配电系统来说，所有的决策都由 SCADA 控制中心进行处理，计算和通信的实时性难以保证[178]，且发生单点（控制中心）的故障将扩大故障范围。

综上所述，对传统的辐射型配电网而言，传统的就地保护（LBP）方法在快速性和可靠性等方面具有固有的优势；然而 DG 的高渗透性使得就地保护难以同时保证协调的灵敏性和选择性。而广域后备保护方法作为一种补救措施类方法，极其依赖于控制中心和广域通信系统，保护的实时性难以保证。因此，从电力网络弹性角度，设计一种新的保护方法来提升电力网络（配电网）吸收弹性以满足快速性与扰动（故障）影响最小化的现实需求，是一个值得深入研究的课题。

2. 基于自愈控制的电力网络恢复弹性提升方法

现代配电网络拓扑复杂性的日益增长及分布式电源的日趋渗透，增加了配电系统发生故障的风险[179]。尽管现代先进技术在一定程度上可降低故障发生的概率，然而大多数故障及大停电事故不可避免[180]。现代配电网络的保护装置及措施能在一定程度上隔离电气故障，但将造成隔离区的非故障负荷失去电力供应[181]。因此，合理有效的故障恢复处理措施将成为提高电力供电可靠性和用户满意程度的一个关键环节。自愈恢复或服务恢复（service restoration）是指在不违反任何电力网络约束的条件下，通过网络重构（network reconfiguration）或计划岛屿（intentional island）以最小开关操作和时间代价实现非故障失电区负荷的最大电力恢复[182~184]。

集中式（centralized）自愈恢复技术是一种主流的有效途径，包括数学优化算法[185,186]、启发式算法[187]及人工智能优化方法[188~190]，其主要优点是能提供最优的解决方案，特别适合小规模的系统。然而，上述集中式方法均以监控和数据采集（SCADA）系统作为控制中心实现配电网的自愈恢复。对于大规模电力系统而言，所有的决策都由控制中心制定，将带来计算和通信方面的困难[191]。此外，这些集中式的方法耗时多且易于导致单点故障（控制中心的故障将导致其整个控制区域的故障），难以满足电力用户对不间断供电的实时性需求[184,191]。

智能多代理系统（multi-agent system，MAS）控制技术因其灵活性、并行性、快速可靠性等优势，近年来逐渐应用于配电网的故障恢复[192]。智能多代理系统是由多个相互作用的智能代理组成的协作式与分布式问题解决系统。MAS将复杂问题分解为多个简单的子问题，并通过代理间信息和资源的彼此共享，协作性地解决各子问题，最后综合这些局部结果解决全局问题。依据体系架构，MAS采用的方法可分为集中式方法、分布式（decentralized or distributed）方法和分层式或混合式（hierarchical or hybrid）方法。

集中式的多代理系统（centralized multi-agent system，CMAS）采用主从控制方式，其中心主代理通过与其他分代理通信与协作，控制和管理整个配电系统[193]。这种集中式的多代理系统的通信及处理的数据量大，需要高性能的中心主代理[194]。为克服上述集中式多代理系统之不足，学者们提出了分层式多代理系统（hierarchical multi-agent system，HMAS）。在分层式多代理系统中，信息由较低级别的代理收集馈送到较高级别的代理并逐层决策。通常情况下，分层式多代理系统采用固定的层次化结构，如双层结构[180,195]、多层结构[181,196]、多层多区结构[197]及其他混合式结构[198]。为弥补固定分层分区之不足，文献[199]提出一种动态团队形成机制，并利用动态群体及动态递增的层次提供全局优化解决方案。相比基于集中式的多代理系统的方法，这种基于分层式的多代理系统的方法具有较低的通信及计算复杂度[194,200]。然而，这种分层式的多代理系统的通信时间将随其层次的增加而增加，导致其通信性能随其层次的增多而逐渐恶化，且难以获得全局最优解。

相比基于集中式和分层式多代理系统的方法，基于分布式（或完全分布式）的多代理系统（decentralized or full decentralized multi-agent system，DMAS or FDMAS）的控制方法因其更低的通信需求、更高的鲁棒性及容错性与更好的可扩展性等在内的固有优势，更适合应用于现代配电网的自愈控制[199]。因而，基于DMAS和FDMAS的控制方式正取代集中式及分层式的控制方式，成为现代配电网自愈控制的发展趋势[194,201]。分布式的多代理系统中的各个代理处于同一结构层次，地位均等，且决策代理不再固定而是随故障点位置动态变化。文献[181，184，168，202]中的方法是当前最为经典的基于分布式多代理的自愈恢复方法。文献[181]提出了一种分布式的多代理方法，该方法考虑了负荷优先级及分布式电源；在其控制结构中，每个母线上配备三种不同的代理且这些代理仅能与其邻居代理通信，导致这种方法不适合大规模配电网。文献[184]提出了另一种基于分布式多代理的自愈恢复方法，该方法采用分布式电源孤岛及电动汽车及其联网设施实现配电网的自愈恢复功能。然而该方法仅考虑了计划孤岛自愈恢复模式。文献 [168] 采用专家规则系统并考虑负荷的优先级别及 DG 渗透，提出了一种基于多代理的完全分布式的自愈恢复策略。然而，这种基于专家规则系统的策略因缺乏优化的目标函数，难以保证复杂恢复场景下的全局优化。文献 [202] 提出一种基于深度优先通信机制（depth-first communication mechanism，DFCM）的自愈恢复方法。此通信机制下的代理仅与其邻居节点通信，非邻居代理节点间通过信息迭代间接通信，导致通信时间长且作为一种启发式的方法难以得到最优的解决方案。文献 [203] 提出了一种完全分布式多代理自愈恢复框架，可为其他多代理系统的设计提供理论参考，但缺乏可执行的解决方案。

综上所述，分布式的多代理自愈恢复方法有其固有优势并展现出了其潜在的强竞争性。然而迄今为止，这些方法在实际应用中存在以下难点：①这些方法中的多代理控制架构中，信息需通过多次迭代获取，因而难以保证全局信息的获取；②因分布式的多代理系统没有控制中心且各分布式代理计算性能有限，在没有缩减模式及相应的快速搜索方法的情况下，其计算性能及实时性能难以得到保证，因而不适用大规模的配电网或复杂恢复场景。

1.3　本课题来源及主要研究内容

1.3.1　本课题来源

本研究工作受到了湖南省自然科学基金"电力网络弹性优化与控制方法研究"（2020JJ4158）、湖南省教育厅重点项目"电力网络弹性表征度量与优化提升方法研究"（19A084）的基金资助。

1.3.2　主要研究内容

为缓解和吸收内外部事故对电力网络的影响并快速从扰动中自愈恢复，基于智能自治和自愈恢复理念，本研究系统地研究电力网络弹性表征与度量、拓扑优化与弹性提升理论及方法，研究内容主要包括：通过电力网络弹性特征量提取和弹性映射，构建一套覆盖拓扑弹性与系统弹性（包括吸收、响应及恢复弹性）的多维弹性量化表征与度量理论体系；深入分析电力网络拓扑结构特性，提出电力网络关键节点与边的快速辨识方法及拓扑弹性优化方法；组建综合覆盖吸收、响应及恢复的弹性优化数学模型，并分别提出基于对等式网络保护的吸收弹性提升方法和基于分布式多代理自愈控制的恢复弹性提升方法，旨在最终形成一套覆盖事故处理全过程的电力网络弹性优化理论、方法及控制技术体系，为智能网络提供快速、准确、可靠的控制决策和技术支持，提升电力系统应付重大灾变和突发事件的能力。本书研究内容及其组织结构如图 1.1 所示。

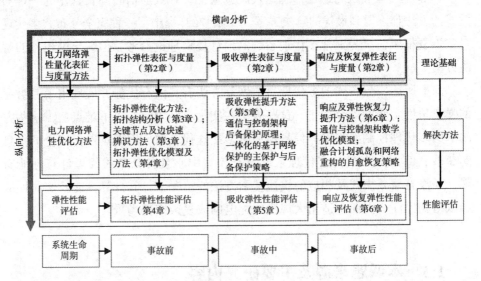

图 1.1　研究内容及其组织结构示意图

第 2 章的研究内容为电力网络弹性定义、量化表征与度量方法。首先定义电力网络弹性，给出电力网络拓扑弹性及系统弹性的内涵；其次，将电力网络映射到物理弹性系统（材料力学系统），对电力网络弹性相关的应力、应变、弹性系数、弹性势能及弹性余能等进行定义与表征，并分析电力网络弹性稳定性判据；再次，在此基础上，以弹性形变范围内总弹性势能的形式给出拓扑弹性的度量方法；然后，从能量角度从系统功能、应力、时间三个维度，提出电力网络系统弹性（吸收、响应及恢复弹性）的度量方法，并对电力网络系统弹性性能进行综合量化评估；最后，通过两个实际电网及一个配电网络分别对拓扑与系统弹性度量指标进行测试评估。

第 3 章深入剖析电力网络的拓扑特性，提出电力网络关键节点及边的快速辨识方法。首先，基于图论与复杂网络理论，以甘肃省和河南省电力网络为例，对实际电力网络的度分布、介数分布、平均最短距离、拓扑熵及拓扑相关性等拓扑特征进行深入分析；其次，重点剖析实际电力网络的社团化（模块化）与层次化拓扑特征，定义电力网络层 – 核结构，揭示电力网络社团间及层级间的自相似特征、能量传输的层级距离特性以及高级子网络在桥接整个网络中的骨干作用；再次，组建电网介数的社团化与层级化分解模型；然后，提出一种关键节点及边的快速辨识方法（电网介数快速分解计算方法），并通过四个自定义的定理与推论对介数计算方法及正确性进行严格推导与理论论证；最后，以实际电网和人工随机网络为例，验证介数快速分解方法的有效性、效率及其在动态在线更新与并行计算中的应用。

第 4 章基于电力网络弹性量化表征与度量方法及其在恶意攻击下脆弱性的特征，研究恶意攻击下的电力网络拓扑弹性提升最大化问题。首先，依据复杂网络理论并基于恶意攻击下的电力网络解列崩溃机理，建立电力网络拓扑弹性理论优化模型，并通过理论分析和论证框定拓扑弹性最大化提升的途径；其次，提出一种后验性的加边的拓扑弹性优化算法，实现电力网络拓扑弹性最大化提升，以缓解恶意攻击的影响；最后，以现实电力网络和人工随机网络为例，仿真验证拓扑弹性优化方法的高效性并对比分析优化前后电力网络拓扑功能的变化情况。

第 5 章提出一种基于对等式网络保护的电力网络吸收弹性提升方法，旨在借助信息系统对电力网络的扰动进行快速吸收以最小化扰动造成的影响。首先，基于电流差动保护原理定义主差动域与后备差动域，提出一种通过调整启动电流阈值躲过负荷电流的后备故障定位方法；其次，提出设备（电流互感器、通信系统、智能终端及断路器）故障检测方法；再次，提出基于设备故障检测的一体化后备保护策略，该策略在正常操作阶段闭锁设备故障相关主保护，发生电气故障后立即开启后备保护取代失效的主保护，该策略能加速电气故障的后备定位与隔离并最小化故障隔离范围；最后，采用动模实验以及实时数字仿真系统进行仿真与实验，测试结果验证了吸收弹性提升方法的有效性及工程实用性。

第 6 章提出一种基于分布式多代理自愈控制的响应与恢复弹性提升方法。首先，构建缩减模型和自愈恢复模式，以此减少响应与恢复弹性的计算维度和信息迭代次数；其次，将自愈恢复问题数学表述为一个多目标优化问题，并提出一种包含网络重构和计划孤岛算法的自愈恢复策略来解决该优化问题，所提出的基于网络流模型的网络重构算法通过调整参数能显著地缓解负荷及 DG 间歇性波动的影响；再次，组建一种针对不同身份属性代理的统一编程框架，使得各代理能依据自身的身份属性及故障点位置，自主执行与其对应的任务，并最终通过代理分工协作实现自愈恢复目标；最后，通过两个实际配电网并结合弹性表征与度量方法，验证和评估该方法对配电网响应与恢复弹性的提升性能。

最后总结和归纳本书的主要研究成果，并指出本书下一步研究工作的重点。

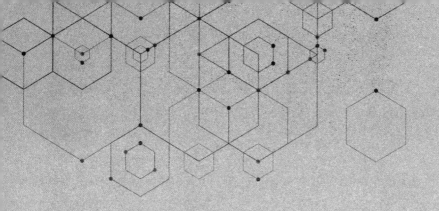

第 2 章　电力网络弹性量化表征与度量方法

2.1　引言

复杂系统的弹性定义可对电力系统拓扑弹性和系统弹性进行定性评估。然而对于弹性系统开发者和系统有效弹性策略提供者来说，还需要用于定量评估弹性性能的方法和指标，以便对研究的弹性系统进行严格和可追溯的比较。弹性特征定量研究可以为弹性系统中出现的问题和现象建立数学模型，并采用数学模型计算和分析各种系统弹性特征指标，进一步为弹性系统的设计、优化、控制及系统弹性提升策略提供有效依据。传统的弹性量测理论与方法多倾向于弹性恢复（resilience）的表征与度量且应用于某一特定的系统，很少有研究涉及具体的电力网络。对电力网络而言，如何将其映射到物理弹性系统加以定义并将其拓扑弹性及系统弹性（包括吸收、响应及恢复弹性）特征采用一个统一的理论框架加以表征、量化及度量，涉及整个电力网络弹性优化理论基础，是一个亟须解决的关键问题。

本章深入研究电力网络弹性量化表征与度量方法。首先，定义电力网络弹性并给出电力网络拓扑弹性（topological elasticity）[又称结构弹性（structural elasticity）] 及系统弹性（system elasticity）的内涵；其次，将电力网络映射到物理弹性系统，对电力网络弹性相关的外部作用力、应力、应变、弹性系数、弹性势能及弹性余能等概念进行定义与表征，并分析电力网络弹性稳定性判据；然后，在此基础上，从能量角度分别提出电力网络拓扑弹性和系统弹性的度量方法；最后，通过两个实际电网及一个配电网络分别对拓扑与系统弹性度量指标进行实验测试。本章的主要创新点有：①提出一整套拓扑弹性与系统弹性量化表征与度量理论框架；②通过坐标变换，从系统功能 – 应力函数得出拓扑弹性度量指标（弹性势能与弹性余能）；③从能量角度从系统功能、应力、时间三个维度提出电力网络系统弹性度量方法，对电力网络系统弹性性能进行综合量化评估。

2.2 电力网络弹性定义与量化表征

2.2.1 电力网络弹性定义及内涵

综合前述复杂系统弹性有关定义 [21-29]，并类比材料力学中物理弹性系统，将电力网络弹性定义为：电力网络（物理电网）在遭受外部扰动时拓扑结构或系统功能发生改变，当扰动撤除后且网络未完全崩溃前借助弹性控制系统（信息系统）将拓扑结构或系统功能恢复到（或接近于）原始状态的性质。其中，扰动后发生改变且扰动撤除后能恢复的这种拓扑或系统功能的变化称为电力网络弹性形变。从上述定义可知，电力网络弹性涉及电力网络（物理网络）和弹性控制系统（信息网络），也即物理－信息系统（CPS）。因此，若无特殊说明，本章假设电力网络在完全崩溃之前（弹性形变范围内）外部扰动撤除后能借助弹性控制系统（信息系统）进行弹性恢复，这一前提条件是后续章节中有关弹性优化与控制的基础。

进一步地，根据上述定义将电力网络弹性分为两类。

（1）拓扑结构弹性（简称拓扑弹性或结构弹性）：与物理弹性系统中反映材料强度的结构弹性类似，电力网络拓扑弹性表征的是电力网络的拓扑结构强度，反映电力网络应对干扰的免疫能力，表现为电网受干扰前的准备和预防，具有静态特性。

（2）系统弹性：电力网络借助信息系统吸收干扰，成功地自响应干扰并在干扰后恢复的能力。不同于拓扑弹性，电力网络系统弹性行为与时间息息相关，是一个动态过程。如图 2.1 所示，按照其弹性行为所处的时间阶段，可进一步将其细分为吸收弹性、响应弹性与恢复弹性。图 2.1 中，t_0 表示系统初始时刻，$G(t)$ 表示系统在不同时刻的系统功能；$\Delta t_1 = t_s - t_e$ 为扰动吸收缓解阶段，即从扰动发生（t_e）到开始新的稳定平衡（t_s）；$\Delta t_2 = t_r - t_s$ 为响应阶段（稳定平衡阶段），从系统稳定平衡开始（t_s）到系统损失的功能开始恢复（t_r）；$\Delta t_3 = t_c - t_r$ 为系统功能自愈恢复阶段，从功能恢复开始（t_r）到恢复结束（t_c）。

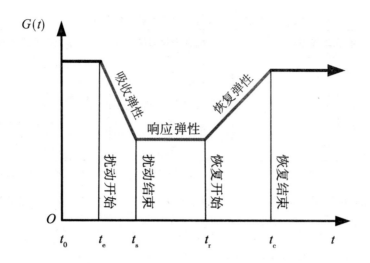

图 2.1　系统弹性（含吸收弹性、响应弹性和恢复弹性）示意图

吸收弹性是指电力网络在受到外部扰动（外部作用力）产生弹性形变期间，借助信息系统的弹性控制 [保护（故障限流，故障辨识、定位和隔离）、电压及频率稳定控制等技术] 产生应力吸收扰动以最小化扰动造成的影响的能力，直至达到新的平衡稳定状态。应力与外部作用力（扰动）是一对作用力与反作用力，两者在新的稳定平衡阶段大小相等方向相反。

响应弹性侧重于响应干扰的内生机制（自我组织和学习机制），指的是电力网络借助信息系统进行信息提取和相关计算，为自愈恢复做准备工作的能力；图 2.1 是新的稳定平衡阶段（$\Delta t_2 = t_r - t_s$）的一种弹性能力。

恢复弹性侧重于外生的系统修复，指的是外力撤除后的系统修复或自愈恢复力，具体表现为电力网络借助信息系统在恢复弹性阶段（$\Delta t_3 = t_c - t_r$）的信息与计算准备工作，通过控制开关动作、容错处理及稳定控制等手段对损失的系统进行自愈恢复。

2.2.2　电力网络弹性相关概念及其量化表征

将电力网络映射到物理弹性系统并通过类比对电力网络弹性有关的参数和指标进行表征与量化（见表 2.1），具体如下。

表 2.1　电力网络弹性系统与物理弹性系统比较

概念与指标	物理弹性系统	电力网络弹性系统
外力（应力）	F	q（扰动的节点比例）
应变	σ	$1-G(q)$（失效的节点比例）
临界外力（应力）	F_c	q_c（临界阈值）
临界应变	σ_c	$1-G(q_c)$
弹性系数	$K = \mathrm{d}F / \mathrm{d}\sigma$	$\mathrm{d}q / \mathrm{d}(1-G(q))$
弹性极限条件（稳定性判据）	$F = F_c$ 或 $\sigma = \sigma_c$	$K = \langle k^2 \rangle / \langle k \rangle = 2 \ (q=q_c)$
弹性势能	$E_c = \int_0^{F(F \leqslant F_c)} \sigma \mathrm{d}F$	$E_c = \int_0^{q(q \leqslant q_c)} (1-G(q))\mathrm{d}q$
弹性余能	$E_p = \int_0^{\sigma(\sigma \leqslant \sigma_c)} -F\mathrm{d}\sigma$	$E_p = \int_0^{1-G(q)(q \leqslant q_c)} q\mathrm{d}(1-G(q))$

（1）电力网络外部作用力和应力。网络外部作用力（外力）（external force）（F）是指电力网络遭受的外部攻击扰动（或作用），其强度量化为扰动节点（或边）的数目 n_q[归一化后为扰动节点（或边）占网络总节点或边的比例 q（$q \in [0, 1]$）]，或量化为扰动节点（或边）的负荷（或潮流）量[归一化后为扰动节点（或边）的负荷（或潮流）占网络总负荷（或潮流）的比例 q]。通常情况下，拓扑弹性中量化为前者，系统弹性中量化为后者。$q = 0$ 表示网络未受攻击或扰动；$q=q_c$ 意味着网络完全崩塌，其中 q_c 为应力临界阈值（简称临界阈值）。

应力（stress）是网络由于受外力形变产生的内力，以抵抗这种外力的作用，并试图使网络从变形后的状态恢复到变形前的状态。如前所述，在系统弹性里的吸收弹性中，应力指的是信息系统对电力网络的保护（故障限流，故障辨识、定位和隔离）及电压与频率稳定性控制作用力，应力与外力是一对作用力与反作用力，其值随弹性形变的增大而增大；在新的平衡稳定阶段，也即在响应弹性阶段，应力与外力的大小相等，方向相反；在恢复弹性阶段（此时外力撤除），应力指的是信息系统对电力网络的恢复控制作用力（包括开关动作控制、容错处理及稳定控制等）。参照外部作用力的量化方法，将应力（控制作用力）量化为控制作用节点（或边）的数目比例或负荷（或潮流）比例 q。值得注意的是，通常情况下，吸收弹性中的应力和恢复弹性中的应力并不对称相等。

（2）电力网络弹性应变。电力网络弹性应变（σ）定义为外部攻击扰动造成的电力网络结构或功能损失，其大小量化为因扰动造成的节点或边的总损失数目，归一化为总损失的节点或边占网络总节点或边的比例 $1-G(q)$（$1-G(q) \in [0, 1]$）；同理，也可量化因扰动造成的归一化的系统功能（负荷或潮流）总损失或损失比率（$1-G(q)$）。其中 $G(q)$（$G(q) \in [0, 1]$）为归一化的系统功能 [正常作用的节点（或边）的数目比例或负荷比例] 函数，在复杂网络中通常表示为网络归一化的极大连接簇（极大簇）。除非特别说明，本书采用这种表示方式。如果 $q=0$（网络未受攻击或扰动），则 $G(q)=1$，$1-G(q)=0$（网络功能未损失，即应变为 0）；如果 $q > q_c$（网络完全崩溃），则 $G(q)=0$（极大簇不存在），$1-G(q)=1-G(q_c)=1$（最大应变），这里 q_c 为临界外力或应力（在复杂网络中称为临界阈值），相应地，$G(q_c)$ 称为临界极大簇 [204] 或临界系统功能。除非特殊说明，以下弹性有关量均归一化处理。

（3）电力网络弹性势能和余能。如图 2.2 所示，参照物理弹性系统，电力网络弹性势能（应变能）定义为电力网络遭受外部扰动时发生应变所吸收的能量，在数值上等于外力所做的功（图 2.2 中阴影部分，其中箭头代表积分方向）：

$$E_p = \int_0^{\sigma_1(\sigma_1 \leqslant \sigma_c)} F d\sigma = \int_0^{1-G(q_1)(1-G(q_1) \leqslant 1-G(q_c))} q d(1-G(q)) \tag{2.1}$$

式中：σ_c（或 $1-G(q_c)$）是临界形变（临界应变），$E_p \in [0, 0.5]$。

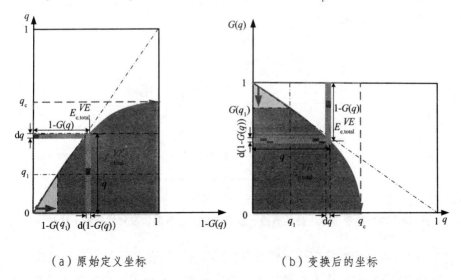

（a）原始定义坐标　　　　　　　（b）变换后的坐标

图 2.2　应力 – 应变曲线、弹性势能和余能

相应地，电力网络弹性余能定义为外力撤销时应力对外所做的功：

$$E_c = \int_0^{F_1(F_1 \le F_c)} \sigma \mathrm{d}F = \int_0^{q_1(q_1 \le q_c)} (1-G(q))\mathrm{d}q = q_1 - \int_0^{q_1(q_1 \le q_c)} G(q)\mathrm{d}q \qquad (2.2)$$

式中：F_c（或 q_c）为临界应力，$E_c \in [0, 0.5]$。线性系统的弹性势能等于弹性余能；非线性系统的弹性势能与弹性余能是互补关系，在应力－应变曲线中两者之和为矩形面积：

$$E_p + E_c = q_1(1 - G(q_1)) \qquad (2.3)$$

为便于弹性势能和余能的数值积分的求解，本章将应力－应变函数坐标统一变换为系统功能－应力函数。这种坐标变换也为弹性势能的求解开辟了新的思路。通过坐标变换，如图 2.2（b）所示，可得弹性势能的系统功能－应力函数表达形式：

$$E_p = q_1(1 - G(q_1)) - \int_0^{q_1(q_1 \le q_c)} (1-G(q))\mathrm{d}q = \int_0^{q_1(q_1 \le q_c)} G(q)\mathrm{d}q - q_1 G(q_1) \qquad (2.4)$$

（4）电力网络弹性系数。弹性系数或称为杨氏系数（材料力学中又称弹性模量或杨氏模量）（K）就是应力－应变曲线上的斜率。电力网络弹性系数代表电力网络弹性强度，定义如下：

$$K = \frac{\mathrm{d}F}{\mathrm{d}\sigma} = \frac{\mathrm{d}q}{\mathrm{d}(1-G(q))} = -\frac{\mathrm{d}q}{\mathrm{d}G(q)} \qquad (2.5)$$

式中：$K \in (-\infty, \infty)$。由于电力网络结构的异质性（非线性），应力－应变曲线的斜率（弹性系数）是随外力（应力）动态变化的，如图 2.3 所示。

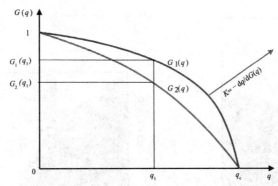

图 2.3　弹性度量指标（弹性系数、临界应力、临界形变及弹性势能）比较

（5）电力网络弹性稳定性准则及弹性形变范围。类似于物理弹性系统，电力网络弹性的平衡状态也有三种形式：稳定平衡、不稳定平衡和临界平衡（或中性平衡）。若电力网络系统在稍微偏离其平衡位置后，能够回到或有趋势回到它原来的平衡位置，则称原平衡状态为稳定平衡状态；若继续偏离下去，则称为不稳定平衡状态，这时，弹性系统失去稳定性，简称失稳或屈曲；随遇平衡状态通常是从稳定平衡向不稳定平衡过渡的临界平衡状态。同样，电力网络的结构失稳准则也有两种：①第一类失稳，又称平衡分岔失稳、分枝点失稳；②第二类失稳，结构失稳时，平衡状态不发生质变，也称极值点失稳。第一类失稳常采用几何非线性分析方法，即建立平衡方程（特征方程）求解本征值；第二类失稳的实质是应力问题，通常采用一阶线性分析方法求应力极值（q_c）。依据电力网络的非线性及其结构的异构性特征，电力网络弹性稳定性更适合采用第一类判据：电力网络的拓扑（或系统功能）的改变为二级相变（或称为二阶相变或是连续性相变）时，电力网络是稳定平衡的；反之，拓扑（或系统功能）的改变为一级相变时，电力网络失去稳定性。这个稳定性判据与复杂网络中极大簇存在的判据是统一的，可定义如下 [204]：

$$K = \frac{\langle k^2 \rangle}{\langle k \rangle} > 2 \qquad (2.6)$$

式中：K 是节点度，$\langle k \rangle$ 表示节点平均度，$\langle k^2 \rangle$ 表示节点度平方的平均值。当 $K = \langle k^2 \rangle / \langle k \rangle \equiv 2$ 时，电力网络弹性系统处于临界平衡状态；当 $K = \langle k^2 \rangle / \langle k \rangle < 2$ 时，电力网络弹性系统处于失稳态，也即电力网络发生一级相变完全崩溃，不再具备弹性恢复能力。通过临界平衡方程 $K = \langle k^2 \rangle / \langle k \rangle \equiv 2$，可得应力临界阈值（简称临界阈值）：

$$q_c = 1 - \frac{1}{K_0 - 1} \qquad (2.7)$$

式中：$K_0 = \langle k_0^2 \rangle / \langle k_0 \rangle$，$k_0$ 是原始网络节点度，$1 - G(q_c)$ 为电力网络应变（弹性形变）范围。

2.3　电力网络拓扑弹性度量方法

本书从能量角度对电力网络的拓扑弹性进行度量。依据弹性力学理论，电力网络拓扑弹性采用电力网络在弹性形变范围内承受的外力最大做功（电力网络弹性形变范围内的弹性总势能）进行度量。弹性形变范围内的弹性总势能越大，电力网络拓扑弹性越大。与物理弹性的结构弹性一样，电力网络拓扑弹性也可从静力学、动力学及能量角度进行度量。静力学和动力学角度的度量指标有：外力或应力临界阈值（q_c）、弹性应变阈值（$1 - G(q_c)$）、弹性系数（K）。如图 2.3 所示：一方面电力网络结构的异质性（非线性）导致应力－应变曲线的斜率（弹性系数）动态变化；另一方面，应力或应变量的极限值（临界应力或临界应变）不能完全表征非线性系统的弹性，网络即使具有相同的临界应力或临界应变，其拓扑弹性（弹性势能）并不相同。因此，相比静力学、动力学度量指标，总弹性势能能更充分地对电力网络（或复杂网络）拓扑弹性进行度量。此外，因弹性总势能和总余能互余，亦可采用弹性范围内的总余能对网络拓扑弹性进行度量。

根据弹性势能与余能定义式（2.1）[或式（2.4）]及式（2.2），可得电力网络弹性形变范围内的总弹性势能和总弹性余能（见图 2.2）：

$$E_p^{total} = \int_0^1 q\,d(1 - G(q)) = -\int_0^1 q\,dG(q) = \int_0^{q_c} -G(q)\,dq \qquad (2.8)$$

$$E_c^{total} = \int_0^1 (1 - G(q))\,dq = \int_0^{q_c} -(1 - G(q))\,dq = q_c - \int_0^{q_c} -G(q)\,dq \qquad (2.9)$$

式中：$G(q_c) = 0$ 表示电力网络完全崩溃；$E_p^{total}, E_c^{total} \in [0, 0.5]$，其最小值和最大值分别对应于星形网络和完全网络的弹性势能。这是因为对于星形网络，只须攻击该网络中的最大度节点，该网络就会完全崩塌；对于完全网络而言，无论如何攻击和攻击多少比例的节点，网络的极大连接簇均等于除攻击的节点外的节点比例，也即，$G(q) = 1 - q$。值得注意的是，在以下有关拓扑弹性的公式中，q 仅代表攻击失效的节点或边的比例。

如图 2.2（a）所示，电力网络总弹性势能和总弹性余能为互余的关系，两者之和为两者围成的矩形面积（虚线框）：

$$E_p^{total} + E_c^{total} = q_c(1 - G(q_c)) = q_c \qquad (2.10)$$

因此，采用最大弹性势能和最大弹性余能表征量测电力网络拓扑弹性是完全等价的。

考虑到电力网络是一个非线性离散系统，弹性势能和余能只能通过数值积分的形式求解。弹性势能公式（2.8）的矩形和梯形数值近似数值积分的形式 [其他式（2.1）、式（2.2）、式（2.4）和式（2.9）可参照该方法进行数值求解]，如下：

$$E_p^{total} = \frac{1}{N} \sum_{q=\frac{1}{N}}^{1} G(q) \qquad (2.11)$$

$$E_{\mathrm{p}}^{\mathrm{total}} = \frac{1}{N} \sum_{q_l = \frac{1}{N}}^{1} \frac{G(q_l) + G(q_{l-1})}{2}$$ （2.12）

式中：N 为网络节点总数，$1/N$ 为归一化的最小数值积分步进 [其等效于式（2.2）中的微分 $\mathrm{d}q$]，q、q_l 及 q_{l-1} 分别为攻击、扰动或干扰的节点比例并有 $q_l - q_{l-1} = 1/N$。公式（2.3）和公式（2.4）中的数值形式的网络弹性势能取值范围为 $[1/N, 0.5]$。尽管式（2.12）中的数值积分误差小于式（2.11）数值积分的误差，但本章选取式（2.11）作为积分等式的数值积分形式，因为这种积分形式与参考文献 [89] 定义的网络鲁棒性量测一致，便于与文献 [89] 中的方法进行弹性量测比较。值得注意的是，文献 [89] 的网络鲁棒性指标未给出严格的数学推导过程和物理意义。

因为电力网络的异质性（异构性），如果以归一化的节点（或边）的数目代表系统功能，即初始扰动或攻击的节点（或边）的归一化数目表示外力或应力 q，失效的节点（或边）衡量应变（$1 - G(q)$），则不同扰动或攻击模式（HD、HDA、PR[114]、BC 与 CI[118]）下的电力网络的拓扑弹性（总弹性势能）通常不一致（这也给系统脆弱性分析提供了一种新的研究思路）。因此，如果比较两个不同网络的拓扑弹性，则需在同一种攻击方式下进行比较。

2.4　电力网络系统弹性度量方法

电力网络拓扑弹性反映的是电力网络（物理系统）自身对干扰的免疫能力，表现为电力网络拓扑能承受的外力所做的总功大小（总弹性势能），具有静态特性。而电力网络的系统弹性反映的是信息 – 物理系统应对扰动或攻击的弹性控制能力，具体表现为信息 – 物理系统通过弹性控制对扰动（或攻击）的缓解吸收、响应及系统功能恢复力。电力网络的系统弹性与时间息息相关，是一个动态过程，如图 2.1 和图 2.4 所示，主要分为三个阶段：①故障吸收缓解阶段（$\Delta t_1 = t_s - t_e$）；②响应阶段（稳定平衡阶段）（$\Delta t_2 = t_r - t_s$）；③系统功能恢复阶段（$\Delta t_3 = t_c - t_r$）。如前所述，按照系统弹性的三个阶段，可将电力网络的系统弹性分解为吸收弹性、响应弹性和恢复弹性。

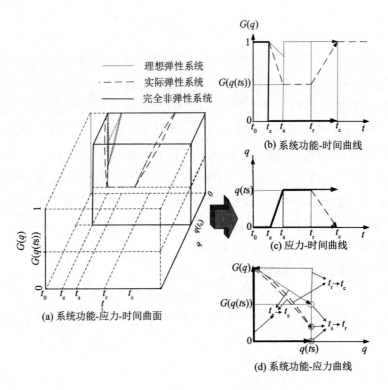

图 2.4　系统弹性表征与度量示意图

2.4.1　吸收弹性度量

吸收弹性可用在吸收缓解阶段内外力对系统所做的功（弹性势能或弹性余能）来表征与度量。在最短时间内系统最小弹性势能（在同样扰动作用下的弹性形变）越小，损失的系统功能越小，系统对扰动吸收缓解效果越明显。如果将外力（或应力）及应变表示为时间的函数（$q(t)$ 和 $1 - Gq(t)$）并依据弹性势能和余能定义式（2.1）和式（2.2），则体现时间特性的吸收弹性指标可用弹性势能 ψ_p^{abs} 或余能 ψ_c^{abs} 表示：

$$\psi_p^{abs} = \int_{t_e}^{t_s} E_p(t)\mathrm{d}t = \int_{t_e}^{t_s}\int_0^{q(t_s)} G\big(q(t)\mathrm{d}q - q(t_s)G(q(t_s))\big)\mathrm{d}t \qquad （2.13）$$

$$\psi_c^{abs} = \int_{t_e}^{t_s} E_c(t)\mathrm{d}t = \int_{t_e}^{t_s}\int_0^{q(t_s)} \big(1 - G(q(t)\mathrm{d}q)\big)\mathrm{d}t = \int_{t_e}^{t_s} q(t_s) - \int_0^{q(t_s)} G(q(t)\mathrm{d}q)\mathrm{d}t \qquad （2.14）$$

式中：$q(t_e)$（$q(t_e) = 0$），$q(t_s)$（$q(t_s)<q_c$）和 $1 - G(q(t_s))$ 分别表示 t_e 或 t_s 时刻的外力（或应力）和应变，如果时间也采用归一化处理，则 $\psi_p^{abs},\psi_c^{abs} \in [0,0.5)$。

2.4.2　响应弹性度量

因在新的稳定平衡阶段，外力（等于应力）及应变恒定不变，也即，$q(t)|$ $t \in (t_s, t_r) = q(t_s)$，$(1 - G(q(t))) \mid t \in (t_s, t_r) = (1 - G(q(t_s)))$，则系统弹性势能不变情况下的稳态时间 Δt_2 越小意味着响应弹性越强。因此，响应弹性度量指标 ψ_{pc}^{res} 可用恒定弹性势能或余能对时间积分获得（因响应阶段外力大小等于应力，故此阶段的弹性势能等于弹性余能）：

$$\psi_p^{res} = \psi_c^{res} = \int_{t_s}^{t_r} q(t) \mathrm{d}(1 - G(q(t))) \mathrm{d}t = q(t_s)(1 - G(q(t_s)))(t_r - t_s) = q(t_s)(1 - G(q(t_s)))\Delta t_2 \qquad （2.15）$$

如果时间也采用归一化处理，则 $\psi_p^{res}, \psi_c^{res} \in [0, 0.5)$。

2.4.3　恢复弹性度量

恢复弹性定义为电力网络对系统损失功能的恢复能力，其可用系统损失功能恢复阶段当外力（扰动）撤销时应力对外所做的功来量测 [如故障清除后（外力撤除），相应的故障隔离开关迅速动作复位恢复系统功能]，即采用恢复的弹性余能量测；或用外力未撤销情况下额外增加的应力（如网络重构或计划孤岛）做的功来量测。与吸收弹性类似，系统在越短恢复时间内以越小对外所做功（恢复的弹性余能或弹性势能）以及实现越大系统功能损失恢复，说明恢复弹性越强。依据弹性势能和余能定义式（2.1）和式（2.2），体现时间特性的恢复弹性的量测指标 ψ_p^{resi} 和 ψ_c^{resi} 定义如下：

$$\psi_p^{resi} = \int_{t_r}^{t_c} E_p(t) \mathrm{d}t = \int_{t_r}^{t_c} \int_{q(t_c)}^{q(t_r)} G(q(t)\mathrm{d}q - q(t_r)G(q(t_r)))\mathrm{d}t \qquad （2.16）$$

$$\psi_c^{resi} = \int_{t_r}^{t_c} E_c(t) \mathrm{d}t = \int_{t_r}^{t_c} q(t_r) - \int_{q(t_c)}^{q(t_r)} G(q(t)\mathrm{d}q)\mathrm{d}t \qquad （2.17）$$

式中：$0 \leqslant q(t_c) \leqslant q_c$，$q(t_r) = q(t_s)$，$G(q(t_r)) = G(q(t_s))$。如果系统损失的功能（负荷）全部恢复，则 $q(t_c) = 0$，$G(q(t_c)) = 1$（$1 - G(q(t_c)) = 0$）。如果时间采用归一化处理，则有 $\psi_p^{resi}, \psi_c^{resi} \in [0, 0.5)$。弹性恢复过程是弹性吸收的反过程（形变过程），在材料力学中，恢复的弹性势能等于产生的弹性势能。然而，在网络等非线性时变系统中，因形变不一定完全恢复且恢复过程中的系统应力通常情况下不完全相等（弹性控制过程不一样），因此恢复的弹性势能和产生的弹性势能并不一定相等。

2.4.4　系统弹性综合度量

如图 2.4 所示，采用弹性余能的方式表示系统弹性更为直观。因此，由式（2.14）、式（2.15）和式（2.17）采用弹性余能表示的系统弹性综合量测指标（ψ^{syt}）可表示为

$$\psi^{\text{syt}} = \psi_{\text{c}}^{\text{abs}} + \psi_{\text{c}}^{\text{res}} + \psi_{\text{c}}^{\text{resi}} = \int_{t_e}^{t_s} \int_0^{q(t_s)} (1-G(q(t))\mathrm{d}q)\mathrm{d}t + q(t_s)(1-G(q(t_s)))\Delta t_2 + $$

$$\int_{t_r}^{t_c} q(t_r) - \int_{q(t_c)}^{q(t_r)} G(q(t)\mathrm{d}q)\mathrm{d}t \tag{2.18}$$

如图 2.4（a）所示，式（2.18）中 ψ^{syt} 的值为短划线围成的区域，图 2.4（b）、图 2.4（c）图 2.4（d）为其在系统功能 – 时间、应力 – 时间和系统功能 – 应力三个坐标平面的投影曲线。如果时间采用归一化处理，则 $\psi^{\text{syt}} \in [0,1)$。

下面讨论两种极端情况，即理想弹性系统和完全非弹性系统。对完全非弹性系统（如星形网络），其一旦受外力作用将崩溃，且外力不撤除系统永久不能恢复（$q(t) \equiv q(t_s)$，$G(q(t)) \equiv 0$），如图 2.4 所示，有最大凹陷部分（实线围成的面积）：

$$\psi_{\text{max}}^{\text{syt}} = \int_{t_e}^{t_s} q(t_s)\mathrm{d}t + q(t_s)\Delta t_2 + \int_{t_r}^{t_c} q(t_r)\mathrm{d}t = q(t_s)(\Delta t_1 + \Delta t_2 + \Delta t_3) \tag{2.19}$$

式中：$q(t_r) \equiv q(t_s)$。

理想弹性系统，其在外力作用下几乎没有形变（$G(q(t)) \equiv 1$），如图 2.4 所示，凹陷部分体积为 0（ψ^{syt} 有最小值，即 $\psi_{\text{min}}^{\text{syt}} = 0$）。对于电力网络（或复杂网络）而言，其理想情况为完全网络系统（其在外力作用下如果 $t \leq t_s$，则 $G(q(t)) \equiv 1-q(t_s)$ 且系统响应时间和完全恢复时间为 0（如果 $t \geq t_s$，$G(q(t)) \equiv 1$），由式（2.18）可得

$$\psi_{\text{min}}^{\text{syt}} = \int_{t_e}^{t_s} -(q(t_s) - \int_0^{q(t_s)} -G(q(t)\mathrm{d}q)\mathrm{d}t = \int_{t_e}^{t_s} \frac{1}{2} q^2(t_s)\mathrm{d}t = \frac{1}{2} q^2(t_s)\Delta t_1 \tag{2.20}$$

式（2.14）、式（2.15）、式（2.17）及（2.18）能对吸收弹性、响应弹性、恢复弹性及系统弹性进行量化度量。为使上述系统有关弹性的度量更直观和更具比较性，可对系统弹性做进一步的归一化处理，也即用实际系统弹性与理想弹性的百分比来表征和度量实际的系统弹性。为此，构造归一化的系统弹性函数：

$$R^{\text{syt}} = \frac{\psi_{\text{max}}^{\text{syt}} - \psi_{\text{min}}^{\text{syt}} - \psi^{\text{syt}}}{\psi_{\text{max}}^{\text{syt}} - \psi_{\text{min}}^{\text{syt}}} \tag{2.21}$$

如果 $\psi_{\min}^{\mathrm{syt}} \ll \psi_{\max}^{\mathrm{syt}}$，有 $\psi_{\min}^{\mathrm{syt}} \approx 0$，则式（2.21）可简化为

$$R^{\mathrm{syt}} = \frac{\psi_{\max}^{\mathrm{syt}} - \psi^{\mathrm{syt}}}{\psi_{\max}^{\mathrm{syt}}} = 1 - \frac{\psi^{\mathrm{syt}}}{\psi_{\max}^{\mathrm{syt}}} =$$

$$1 - \frac{\int_{t_e}^{t_s}\int_0^{q(t_s)}(1-G(q(t))\mathrm{d}q)\mathrm{d}t + q(t_s)(1-G(q(t_s)))\Delta t_2 + \int_{t_r}^{t_c}q(t_r) - \int_{q(t_c)}^{q(t_r)}G(q(t)\mathrm{d}q)\mathrm{d}t}{q(t_s)(\Delta t_1 + \Delta t_2 + \Delta t_3)}$$

$$(2.22)$$

令 $\Delta T^{\max} = \Delta t_1 + \Delta t_2 + \Delta t_3$，对时间做归一化处理，则有 $\Delta t_1' = \Delta t_1 / \Delta T^{\max}$，$\Delta t_2' = \Delta t_2 / \Delta T^{\max}$，$\Delta t_3' = \Delta t_3 / \Delta T^{\max}$，则式（2.22）可化为

$$R^{\mathrm{syt}} =$$

$$1 - \frac{\int_{t_e}^{t_s}\int_0^{q(t_s)}(1-G(q(t))\mathrm{d}q)\mathrm{d}t + q(t_s)(1-G(q(t_s)))\Delta t_2 + \int_{t_r}^{t_c}q(t_r) - \int_{q(t_c)}^{q(t_r)}G(q(t)\mathrm{d}q)\mathrm{d}t}{q(t_s)\Delta T^{\max}} \quad (2.23)$$

从式（2.22）和式（2.23）可知：对理想弹性电力网络系统而言，有 $\psi^{\mathrm{syt}} = 0$，$R^{\mathrm{syt}} = 1$，意味着其系统弹性无穷大；对于完全非弹性电力网络系统而言，有 $\psi^{\mathrm{syt}} = 1$，$R^{\mathrm{syt}} = 0$，意味着其系统弹性为 0；对实际弹性电力网络系统而言，其实际系统弹性为相对于理想弹性电力网络系统的系统弹性的百分比，因此有 $R^{\mathrm{syt}} \in [0,1)$。同等外力对系统产生的形变越小且到进入稳定平衡状态的时间越短，维持系统弹性势能或余能不变情况下的中间稳态时间越短，系统以越短时间和越小对外做功最大化系统功能恢复，系统弹性越强；反之则相反。如果网络系统为线性系统 [非异构性，$G(q) = kq$，其中 k 为常数] 且作用力与时间为线性关系，则系统弹性与作用力的大小无关（类似于物理弹性系统的结构弹性与作用力的大小无关）。值得注意的是，当对两个不同的弹性系统的弹性进行比较时，上述时间的归一化处理需统一采用两种中最大的时间间隔，即 $\Delta T^{\max} = \max\{\Delta T_1^{\max}, \Delta T_2^{\max}\}$；且除非特别说明，以下时间均归一化处理。

同理可以可得出吸收弹性、响应弹性及恢复弹性的归一化函数：

$$R^{\mathrm{abs}} = 1 - \frac{\psi_c^{\mathrm{abs}}}{\psi_{c,\max}^{\mathrm{abs}}} \quad (2.24)$$

$$R^{\mathrm{res}} = 1 - \frac{\psi_{cp}^{\mathrm{res}}}{\psi_{cp,\max}^{\mathrm{res}}} \quad (2.25)$$

$$R^{\mathrm{resi}} = 1 - \frac{\psi_c^{\mathrm{resi}}}{\psi_{c,\max}^{\mathrm{resi}}} \quad (2.26)$$

式中: $\psi_{c,max}^{abs} = p(t_s)\Delta t_1$, $\psi_{cp,max}^{res} = p(t_s)\Delta t_2$, $\psi_{c,max}^{resi} = p(t_s)\Delta t_3$, $R^{abs}, R^{res}, R^{resi} \in [0,1)$。

综上所述，本节提出的电力网络系统弹性度量函数以能量角度从应变（系统功能）、应力及时间三个维度对系统弹性进行量化与表征，能综合度量实际电网及其弹性控制系统的系统弹性且其物理与数学内涵明确。传统弹性度量方法中的弹性三角形[41]及其归一化方式[42]的弹性度量方法可通过积分形式求解可能的累积损失（应变）百分比，然而这种方法没有考虑外力（应力）的大小，很显然应力越大累积损失越大，因此这种方法不能很好地度量受到不同外力（应力）的弹性系统；采用恢复与损失的比率的弹性度量方法[34]不能度量可完全恢复系统的弹性且没有考虑恢复时间；积分弹性度量方法[48]存在与弹性三角形方式相似的缺陷。相比上述传统的系统弹性度量方法，本节提出的系统弹性度量方法物理意义明确，能综合表征与度量电力网络的系统弹性，且可对电力网络的系统吸收弹性、响应弹性和恢复弹性加以分解并进行单独度量。

2.5 算例仿真与分析

2.5.1 电力网络拓扑弹性度量指标测试

下面以节点（或边）的归一化的数目代表系统功能[初始扰动或攻击的节点（或边）的归一化的数目表示应力 q，失效的节点（或边）衡量应变 $1-G(q)$]，测试实际电力网络的拓扑弹性。图 2.5 为随机（random）、自适应高节点度（HDA）和高集群影响节点（CI）攻击模式下的甘肃省电网[205]和河南省电网[206]的拓扑弹性性能测试结果。从测试结果可知，本章提出的拓扑弹性度量方法（以弹性形变范围内总弹性势能作为拓扑弹性度量指标）能够量化地度量电力网络的拓扑弹性性能。由于电力网络的非线性特性，弹性系数是动态变化的，且临界应力或应变阈值不能完备地量测拓扑弹性。因此，相比静力学或动力学角度的弹性系数、临界应力阈值及临界应变阈值等量测指标，总弹性势能能更充分地量测电力网络的拓扑弹性。

然而，电力网络的异构性导致同一网络内部不同节点（或边）的弹性不相同（类似于同质材料下的粗细不同的材料，其各个部分的弹性不同），这导致电力网络在不同扰动或攻击模式（如随机攻击、高度节点 HD、自适应高度节点 HDA、页面排序 PR[114]、介数中心性及集群影响 CI[118]）下的拓扑弹性并不相同。如图 2.5 所示，甘肃省电网在随机攻击、自适应高度节点 HDA 及集群影响 CI 攻击模式下的弹性势能分别为 0.170，0.028 和 0.021，河南省电网在这些攻击模式下的弹性势能分别为 0.362，0.015 和 0.013。因此，如果比较两个不同网络的拓扑弹性，则需在同一种攻击方式下采用总弹性势能进行比较。例如，比较甘肃省电网和河南省电网的拓扑弹性，如图 2.5 所示，河南省电网在随机攻击下的拓扑弹性更好，甘肃省电网在目的攻击（HDA 和 CI）下的拓扑弹性更强。这也说明了河南省电网表现出更强的异构性，其网络内部的节点和边的弹性更加不均匀 [河南省电网拓扑熵（5.73）小于甘肃省电网拓扑熵（7.36），具体见下一章的拓扑结构分析一节]。

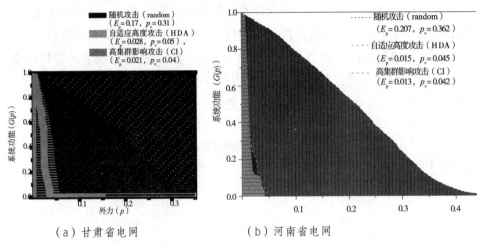

（a）甘肃省电网　　　　（b）河南省电网

图 2.5　不同攻击模式下的电网拓扑弹性

2.5.2　电力网络系统弹性度量指标测试

本节测试电力网络系统的弹性度量指标。测试中，以湘潭供电分公司（Xiangtan Power Company，XPC）某配电网（XPC 9 点配电系统）作为系统弹性的测试网络，如图 2.6 所示。XPC 9 点配电系统的额定电压和最大传输容量分别为 10 k V 和 3000 kV·A。三相负载和 DG 容量显示于表 2.2。为了测试的安全，采用额定相电压为 220 V 的 9 点配电系统来模拟 10 kV 的 XPC 9 点配电系统，模拟用的 220 V 的 9 点配电系统的负荷、DG 容量及分支线路传输容量按比例缩小至原来的 1/1000。

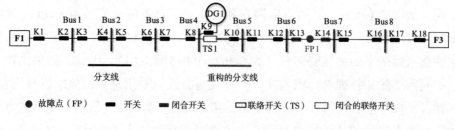

图 2.6　XPC 9 点配电系统

　　由于电力网络的系统弹性不仅与物理电网有关，还与其对应的弹性控制系统（信息系统）相关，因此电力网络的系统弹性的实质就是信息 – 物理系统应对扰动或攻击表现出的吸收、响应以及恢复等弹性控制能力。通常情况下，电网的控制系统不同，其系统弹性也不一样。为此，实验中采取两套弹性控制系统对配电网进行控制，并测试统一配电网在不同弹性控制系统下的弹性性能。第一套弹性控制系统采用基于多智能体的完全分布式的保护与重构方法[207]，测试中智能电气设备（IEDs）用作多代理。

表 2.2　XPC 9 点配电系统的节点负荷

Bus/DG	P/Q/kW	S/kW	Bus/DG	P/Q/kW	S/kW
1	200/100	224	5	300/200	360
2	300/200	360	6	300/230	378
3	350/250	430	7	300/260	397
4	400/320	512	8	100/50	112

　　图 2.7 是故障后的故障定位、隔离与重构波形图，其相应的应力和应变见表 2.3。第二套弹性控制系统采用基于重合闸的故障定义、隔离重构方法[208]，该控制系统作用下的开关动作及相应的时序如图 2.8 所示，各时间段的应力与应变见表 2.3，其中表 2.3 中的外力（或应力）$q(t)$ 和 $G(q(t))$，为分别采用扰动节点（故障边的下游节点）的负荷比例和正常工作节点的负荷进行量化的值。根据测试结果（见表 2.3），依据式（2.14）、式（2.15）、式（2.17）及式（2.23）可计算得到吸收、响应、恢复弹性以及归一化的系统弹性，计算结果显示于表 2.4。由表 2.4 可知，当采用各自故障发生到故障恢复时间间隔作为归一化时间标准时，两套弹性控制系统下的系统弹性分别为 0.81 和 0.79。为便于比较两个弹性系统，必须统一归一化时间标准且采用时间间隔最大的作为标准，在此基础上，第一套弹性控制系统的系统弹性为 0.99，明显大于第二套弹性系

统的系统弹性，这与实际情况吻合。进一步地，本章的系统弹性量测函数还可独立地量测两套弹性系统的吸收、响应和恢复弹性，分别为 0.84，0.73 和 0.84 及 0.86，0.73 和 0.78。此外，本次实验还测试了传统的归一化的弹性三角形 [41]、恢复与损失比率 [34] 与积分弹性 [48] 三种量测方法的弹性测试结果。

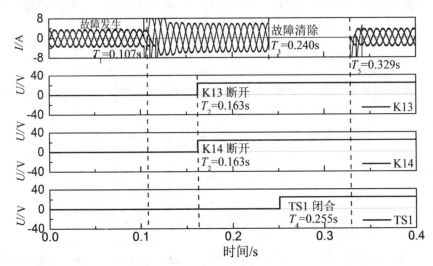

图 2.7　分布式多代理的保护与重构下的 XPC 9 点配电系统的波形图

表 2.3　XPC 9 点配电系统的故障及其恢复过程中的应力和应变

控制方法	$t_e/q(t_e)/G(q(t_e))$	$t_s/q(t_s)/G(q(t_s))$	$t_r/q(t_r)/G(q(t_r))$	$t_c/q(t_c)/G(q(t_c))$
基于多代理的保护和重构 [207]	0.107 s ($t_e(s)$)	0.240 s (t_s)	0.255 s (t_r)	0.329 s (t_c)
	0 ($q(t_e)$)	0.136 ($q(t_s)$)	0.136 ($q(t_r)$)	0 ($q(t_c)$)
	1 ($G(q(t_e))$)	0.734 ($G(q(t_r))$)	0.734 ($G(q(t_r))$)	1 ($G(q(t_e))$)
基于重合闸的保护和重构 [208]	0	45	79	203
	0 ($q(t_e)$)	0.136 ($q(t_s)$)	0.136 ($q(t_r)$)	0 ($q(t_c)$)
	1 ($G(q(t_e))$)	0.734 ($G(q(t_r))$)	0.734 ($G(q(t_r))$)	0.834 ($G(q(t_c))$)

● 故障点（FP）　■ 重合器（recloser）　■ 分段器（sectionalizer）　□ 联络开关（tie-switch, TS）

（a）区间永久故障重合器 K18 及支路分段器分闸

（b）重合器 K18 与分段器 K16 合闸

（c）重合器 K18、分段器 K16 分闸及 K14 闭锁

（d）重合器 K18 与分段器 K16 第二次合闸

（e）联络开关 TS1 及 K10 合闸

（f）重合器 K1 及其支路所有分段器分闸、K12 闭锁

（g）重合器 K1 及所有分段器第二次合闸重构

图 2.8　XPC 9 点配电系统的重合闸动作与时序

表 2.4　XPC 9 点配电系统的系统弹性度量比较

弹性控制方法	归一化时间（s）	ψ_e^{abs}	ψ_e^{res}	ψ_e^{reis}	R^{syt}	$R^{T\,[42]}$	$R^{L\text{-}R\,[34]}$	$R^{T\,[48]}$
基于多代理的保护和重构[207]	$\Delta T_1^{max}=0.225$	0.84	0.73	0.84	0.81	0.16	1	0.84
	$\Delta T_2^{max}=203$	—	—	—	0.99			
基于重合闸的保护和重构[208]	$\Delta T_2^{max}=203$	0.86	0.73	0.78	0.79	0.14	0.52	0.78

从测试结果可知：弹性三角形[41]和积分弹性[48]量测方法仅测试弹性累积损失或系统累积功能比率，恢复与损失比率方法[34]更简单，仅考虑恢复与损失比率；而本章提出的系统弹性表征与度量方法充分考虑了从扰动下的弹性形变到弹性恢复整个过程，并从能量角度从应力、应变、时间三个维度对电力网络的系统弹性进行综合度量，物理意义与数学内涵明确，且可对电力网络的系统吸收弹性、响应弹性和恢复弹性进行单独量测。因此，相比传统的弹性量测方法，本章提出的系统弹性表征与度量方法的综合量测性能更优，能更好地反映智能网络的弹性性能。

2.6　本章小结

本章定义了电力网络弹性并给出了电力网络拓扑结构弹性及系统弹性的内涵及特性；将电力网络映射到物理弹性系统，对与电力网络弹性相关的应力、应变、弹性系数、弹性势能及弹性余能进行量化定义与表征；在此基础上，分别提出了电力网络拓扑弹性和系统弹性的度量方法，并采用两个实际电网和一个实际配电网对拓扑弹性与系统弹性度量指标分别进行测试。通过算例仿真与测试结果可得出以下结论。

（1）提出的电力网络拓扑弹性度量方法从能量角度以电力网络在弹性形变范围内承受的外力最大做功（电力网络弹性形变范围内的弹性总势能）表征电力网络拓扑弹性性能。该度量方法能正确量测电力网络的拓扑弹性强度。电力网络的异构性导致在不同的扰动模式下网络拓扑弹性并不相同，因此在比较不同电力网络的拓扑弹性时需统一扰动模式。

（2）提出的电力网络系统弹性度量方法从能量角度从系统性能、应变及时间三个维度对电力网络系统弹性性能进行综合量化量测，且对系统弹性中的吸收弹性、响应弹性及恢复弹性进行单独量化量测。

（3）相比传统的网络或系统弹性量测方法，本章提出的量测方法物理意义明确，数学内涵清晰且能更综合地反映实际电力网络的弹性特征。

（4）本章提出的电力网络弹性定义、弹性量化表征及弹性度量方法为智能网络的弹性设计、弹性优化与控制奠定了理论基础。

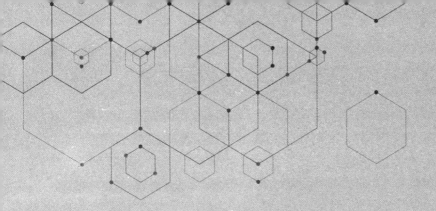

第 3 章　电力网络拓扑特性分析与关键节点及边快速辨识方法

3.1　引言

电力网络拓扑结构描述了电力网络中各电气元件的图形连接关系。电力网络的拓扑结构和系统功能是其两种基本属性，两者相互联系，相互影响：结构制约和决定着电力系统功能的大小、性质及边界；电力系统功能是其结构的外在表现，结构的变化往往伴随功能的改变。电力网络中的关键节点及边对维护电力网络拓扑结构及电力系统稳定性起着关键性作用。电网介数中心性是衡量电力网络中关键节点与边在整个网络中作用和影响力的一个重要全局几何拓扑参量，定义为网络中所有最短路径中经过该节点（或边）的路径的数目占最短路径总数的比例。分析和研究电力网络的拓扑结构及其关键节点与边对理解相继故障传播机理、防御和缓解电力网络重大故障影响、拓扑优化、电力网络弹性行为及弹性优化控制等有关电力系统安全稳定运行与控制具有重要意义。

本章内容分为两部分：电力网络拓扑结构特性分析与关键节点及边的快速辨识方法。第一部分首先介绍网络通用概念和网络拓扑结构特性描述参数；其次，分析实际电力网络的通用拓扑特性，包括电力网络拓扑基本统计参量、电力网络的无标度和小世界特性以及节点度相关性等；最后，重点分析实际电力网络的社团化（模块化）与层次化的拓扑特征，提出电力网络层 – 核结构的定义，揭示了电力网络社团间及层级间的自相似特征及能量传输的层级距离特性。第二部分提出了一种关键节点及边的快速辨识方法（电网介数社团化与层级化分解快速计算方法）：首先，依据实际电力网络社团化与层级化的拓扑结构特性，组建电网介数的社团化与层级化分解模型；其次，提出一种电网介数快速分解计算方法，并通过四个自定义的定理与推论对介数计算方法及正确性进行严格理论推导与论证；最后，以实际电网及人工随机网络为例，验证介数快速分解方法的有效性、效率及其在动态在线计算与并行计算中的应用。

3.2 电力网络拓扑结构特性分析

3.2.1 网络拓扑结构特征参数

网络通常可用图来表示。依据图论，一个图定义为一个集合 $G(V, E)$，其中 V 是节点集合，E 是边集合，图中的每条边类似于物理系统中的键，都由一个节点对的连接组成。网络拓扑结构通常由给定网络 $G(V, E)$ 的微观量的同级分布或统计平均值来刻画，理解网络的结构特征对研究网络动态行为及提升网络弹性有重要意义。网络拓扑结构特征参数主要有以下几种。

（1）网络直径、网络密度、平均路径长度。网络中任意节点对 (i, j) 间的最短路径距离 d_{ij} 定义为这个节点对间路径经过的最少边的数目。网络直径定义为网络中任意节点对之间最大路径距离，记为 D：

$$D = \max_{i, j \in V} d_{ij} \tag{3.1}$$

将所有节点对之间的最短路径的平均值定义为网络的平均最短路径长度 L：

$$L = \frac{2}{n(n-1)} \sum_{i \neq j} d_{ij} \tag{3.2}$$

式中：n 为网络的节点数。网络的平均路径长度是衡量网络的小世界效应的一个重要参数。

网络密度定义为网络实际的边的数目与网络最大可能的边的数目的比值：

$$d(G) = \frac{2m}{n(n-1)} \tag{3.3}$$

式中：m 为网络的边的数目。

（2）节点度及其分布特征。网络中节点 i 的度 k_i 定义为与该节点连接的节点数。节点平均度 $<k> = 2m/n$ 定义为网络中所有节点度的平均值。节点度分布可用分布函数 $P(k)$ 表示，其定义为节点度为 k 的节点在整个网络中出现的概率：

$$P(k) = \frac{n_k}{n} \tag{3.4}$$

式中：n_k 为度为 k 的节点数。累积度分布表示的是网络中出现节点度大于等于 k 的节点的概率；

$$P_C(k) = \sum_{k'=k}^{\infty} P(k') \qquad (3.5)$$

（3）簇系数。簇系数又称聚类系数或聚集系数，是衡量网络集团化程度以及小世界特性的重要参数。任意节点 i 的簇系数定义为其邻居节点之间的实际连接边数 E_i 与总边数之比：

$$C_i = \frac{2E_i}{k_i(k_i-1)} \qquad (3.6)$$

网络簇系数 C^N 为网络中所有节点簇系数的平均值。

（4）介数及其分布特性。

对于给定的网络 $G = (V, E)$，其节点介数 $\mathrm{VB}(v)$ 和边介数 $\mathrm{EB}(e_{u,v})$ 定义为网络所有最短路径经过节点 v 和边 $e_{u,v}$ 的数目：

$$\mathrm{VB}(v) = \sum_{s,t \in V, s \neq t} \sigma_{st}(v) \qquad (3.7)$$

$$\mathrm{EB}(e_{u,v}) = \sum_{s,t \in V, s \neq t} \sigma_{st}(e_{u,v}) \qquad (3.8)$$

式中：u，v 表示边 $e_{u,v}$ 的两个端节点，$\sigma_{st}(v)$ 和 $\sigma_{st}(e_{u,v})$ 分别表示节点对 (s,t) 间最短路径经过节点 v 和边 $e_{u,v}$ 的数目，σ_{st} 为任意节点对 (s,t) 间的最短路径数目。

归一化定义为网络所有最短路径经过节点 v 和边 $e_{u,v}$ 的数目占所有节点对间的最短路径总数的比例：

$$\mathrm{VB}_{\mathrm{normal}}(v) = \frac{\sum\limits_{s,t \in V, s \neq t} \sigma_{st}(v)}{\sum\limits_{s,t \in V, s \neq t} \sigma_{st}} \qquad (3.9)$$

$$\mathrm{EB}_{\mathrm{normal}}(e_{u,v}) = \frac{\sum\limits_{s,t \in V, s \neq t} \sigma_{st}(e_{u,v})}{\sum\limits_{s,t \in V, s \neq t} \sigma_{st}} \qquad (3.10)$$

类似于累积度分布，累积节点介数分布 $P(B_v)$ 和边介数分布 $P(B_e)$ 分别定义为网络中节点介数和边介数大于等于 B_v 和 B_e 节点和边的概率。

（5）拓扑熵。

拓扑熵反映网络中节点间连接的均匀程度，拓扑熵越大网络越均匀，反之拓扑熵越小网络越不均匀，其定义为

$$H_N = -\sum_{i=1}^{n} I_i \ln I_i \qquad (3.11)$$

式中：$I_i = k_i / \sum_{i=1}^{n} k_i$，且有 $\sum_{i=1}^{n} I_i = 1$。网络节点和边都相等，即完全均匀时，有 $H_N^{\max} = \ln(n)$。相反当所有节点与网络中一个节点相连时，网络最不均匀，拓扑熵有最小值，$H_N^{\min} = \ln 4(n-1)/2$。拓扑熵可归一化为

$$\tilde{H}_N = \frac{H_N - H_N^{\min}}{H_N^{\max} - H_N^{\min}} \tag{3.12}$$

（6）相关性。网络中节点内部的特点使得它们存在多种类型的相关性，从网络拓扑结构角度来讲，度相关性是其中重要的相关特性。采用近邻节点的平均度随节点度的变化，即 $k_{nn}(k)$ 来刻画度相关性，是研究相关性的方法之一。定义节点 i 的近邻平均度为

$$k_{nn,i} = \frac{1}{k_i} \sum_{j \in N_i} k_j = \frac{1}{k_i} \sum_{j \in N_i} a_{ij} k_j \tag{3.13}$$

式中：$a_{ij} \in A$ 为网络邻接矩阵 A 的元素，节点 i 与节点 j 有连接，则 $a_{ij} = 1$，反之 $a_{ij} = 0$；N_i 表示节点 i 的邻居节点集。由式（3.11）可以计算所有度值为 k 的节点的最近邻平均度值 $k_{nn}(k) = \sum_{i=1} k_{nn,i} / n$，为所有度值为 k 的节点个数。$k_{nn}(k)$ 为常数时，表示与 k 无关，即不存在相关性；$k_{nn}(k)$ 是 k 的增函数时，表示该网络为同向匹配，即，节点倾向于和度值对等的顶点相连；$k_{nn}(k)$ 是 k 的减函数时，表示该网络为负向匹配，即度值低的节点倾向于和度值高的顶点相连。

此外，还可以计算邻居节点度的相关系数 r：

$$r = \frac{\langle k_i k_j \rangle - \langle k \rangle^2}{\langle k^2 \rangle - \langle k \rangle^2} \tag{3.14}$$

邻居节点度的相关系数 r 需要遍历所有邻居节点对，反映的是整个网络的相关特性。

3.2.2　实际电网的通用拓扑特性分析

本节以甘肃省电网、青海省电网、河南省电网与湖南省电网为例分析实际电网的拓扑特性。其中，甘肃省电网与青海省电网包含 35 ～ 750 kV 的配电网和传输网，河南省电网和湖南省电网仅包含 220 ～ 500 kV 的传输网。上述 4 个实际电网的累积度分布、累积节点介数分布与累积边介数分布分别显示于图 3.1、图 3.2 与图 3.3。图 3.4 显示了 4 个实际电网的最近邻平均度，4 个实际

电网的其他拓扑特性参数显示于表 3.1。

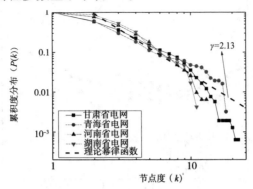

图 3.1　电网节点累积度分布

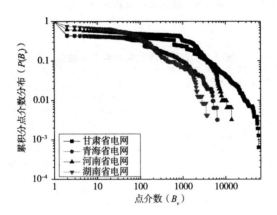

图 3.2　电网累积点介数分布

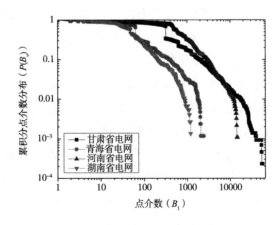

图 3.3　电网累积边介数分布

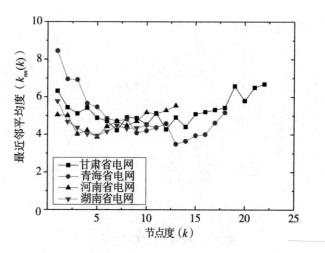

图 3.4   电网节点最近邻平均度

表 3.1   实际电网的拓扑特性参数值

电网	n	m	$k_{max}(n^{1/(\gamma-1)})$	$\langle k \rangle$	D_e	$L(\ln n)$	C^N	$\tilde{H}_N$	r
甘肃省	1569	2168	22(39.6)	2.76	0.0018	9.93(7.36)	0.19	0.89	2.67
青海省	312	425	18(17.7)	2.72	0.0088	6.31(5.74)	0.24	0.82	5.93
河南省	310	466	13(17.7)	3.00	0.0097	6.17(5.73)	0.16	0.90	4.25
湖南省	237	373	11(14.6)	3.14	0.0131	5.87(5.47)	0.18	0.92	1.54

　　实际电网的小世界和无标度特性分析如下。衡量网络的小世界特征的主要特征参量有两个：簇系数 C^N 用于描述小世界网络的聚集性，平均最短路径 L 用于刻画小世界网络的距离特性。从表 3.1 可知，上述 4 个实际电网的簇系数 C^N 均远大于随机网络，其范围为 0.16~0.24，且具有较小的平均最短路径 L。通常情况下，小世界网络的平均最短路径满足 $L \sim \ln n$ [204]，从这层意义上讲，实际电网的平均最短路径距离略大于小世界网络，见表 3.1 中平均最短路径 L 一列。无标度网络有两个基本特性：无标度网络的度分布满足幂律分布（$P(k) \sim k^{-\gamma}$，其中 γ 为幂律指数且 $2<\gamma<3$），无标度网络的距离表现为极端小世界特性（$L \sim \ln\ln n$）。从图 3.1 可知，实际电网的度分布位于幂律分布与指数分布之间，如果近似地认为是幂律分布，其幂律指数 $\gamma \approx 2.13$（图 3.1 中黑色虚线）。此外，相比无标度网络中的最大度 $k_{max} \approx n^{1/(\gamma-1)}$，表 3.1 中 γ 的最大值（γ

= 3）使得 $k_{\max}$ 最小，实际电网中的最大度值也比同等情况下的无标度网络的最大度值要小，特别是在网络规模大的情况下。相比度分布，实际电网的点介数和边介数更接近于幂律分布，如图 3.2、图 3.3 所示。

图 3.4 显示了实际电网的最近邻平均度（度 – 度相关函数），表 3.1 中 r 列给出了实际电网的相关指数。从图 3.4 和表 3.1 可知，实际电网的相关指数 r 大于 0，即在整体上表现为同类匹配，类似于社会网络；而技术网络和生物网络倾向于非同类匹配（$r < 0$）。因度 – 度相关能更为具体地刻画其细节，本节还采用度 – 度相关函数（最近邻平均度函数 $k_{nn}(k)$）对实际电网的拓扑相关性进行分析。如图 3.4 所示，度小的节点为单调递减函数，表现为负向匹配，即度小的节点倾向于与度大的节点相连；度大的节点为单调递增函数，表现为正向匹配，即度大的节点倾向于与度大的节点相连。更详细地说，即传输网络趋向于正匹配（环状的洋葱结构），而配电趋向于负匹配（洋葱与海胆混合结构），总体上趋向于正匹配（相关拓扑分析见下一节）。

综合上述分析，可得出以下关于电网拓扑的结论：①电网为较均匀的稀疏网络；②电网具有小世界特性但平均最短路径略大于小世界网络，电网的无标度特性不特别明显，表现为其度分布位于幂律分布与指数分布之间；③传输网络趋向于正匹配（环状的洋葱结构），配电趋向于负匹配（洋葱与海胆混合结构），整体上表现为正匹配（类似于社会网络）。

3.2.3　实际电网的社团化与层次化结构特性分析

网络通常由多个不同的社团（模块）组成，这些社团与不同的节点集体存在联系，或者在整个网络中具有各自独特的功能 [204]。社团内部节点存在强连接（各模块倾向于内部紧密相连），而社团之间存在弱连接（据此可划分社团）。网络的社团化还存在一种隐式表现，即分层结构。具有这种结构的网络通常由多个层次的社团组成，因此这种网络也称为分层网络。通过分层，社团可分为高低不同的社团，具有较高级功能的高层次社团通常由多个具有较低级子功能的子社团组成，通过层次化递归可以构造此类层次网络。这种社团化、层次化的网络通常还具有自相似或分形结构特性。网络的这种社团化和层次化的拓扑分析对网络建模、网络关键组件辨识、网络鲁棒性及网络弹性的优化与控制起着重要作用。

对电力网络而言，社团化主要表现为电力网络由不同行政（或地理）区域的子电网构成。各行政区域的经济发展异质性导致电力能源需求不同，各区域之间的能源分布不均匀性导致电力能源生产的差异性，进而造成了电力能源的跨区域传输；采用更高等级电压节点和线路构成的电力子网络进行电能传输可有效降低传输耗损。因此，电力网络的层次化表现为电力网络由各自高低电压不同的社团子网络组成。本节主要以甘肃省电网和青海省电网为例分析实际电网的社团化和层次化，并进一步分析电力网络层级结构的能级化，因为甘肃省电网包含完整的社团（区域）信息以及 35～750 kV 电压等级子网信息。

首先以甘肃省电网为例，分析实际电网的社团及层－核（l-core）拓扑结构特征。类似于复杂网络中的度－核（k-core），本章定义层－核（l-core）为移除最外 l 层级网络后剩余的高层级子网。例如，在甘肃省电网中：$l = 0$ 时，表示原甘肃省电网；$l = 1$ 时，表示移除最低层次的网络（包含 35 kV 节点及边）后剩余的甘肃省子网络；$l = 2$ 时，表示移除 2 个最低层次的网络（包含 35 kV 及 110 kV 节点及边）后剩余的甘肃省子网络；以此类推。图 3.5、图 3.6 与图 3.7 分别显示的是甘肃省电网中的社团子网与层－核（l-core）子网的累积度分布、累积节点介数和累积边介数分布，图中各社团为甘肃省各地级市电力子网。从图 3.5～图 3.7 可知，无论是社团子网还是层－核子网的累积度、累积节点介数及累积边介数分布均表现出极大的相似性。

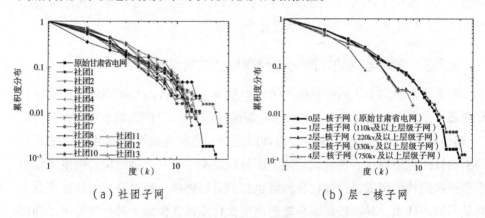

（a）社团子网　　　　　　　　　（b）层－核子网

图 3.5　电网中社团与层－核节点累积度分布

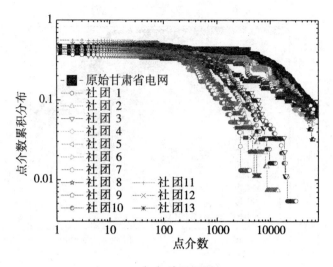

（a）社团子网

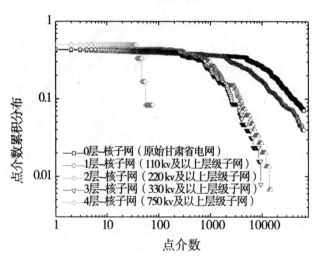

（b）层-核子网

图3.6 电网中社团与层-核节点介数累积分布

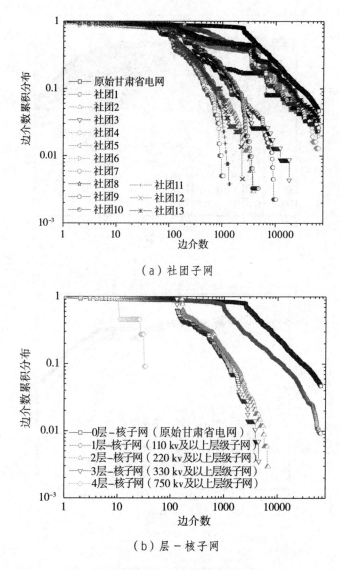

（a）社团子网

（b）层－核子网

图 3.7　电网中社团与层－核边介数累积分布

图 3.8 为各社团与层－核子网中节点的度－度相关。由图 3.8 可知：各社团中节点度相关行为很相似 [见图 3.8（a）]；0 层－核子网与 1 层－核子网（这两个层－核子网均包含 35 kV 或 110 kV 的配电网）中节点的度－度相关行为亦相似，这两个层－核子网均包含 35 kV 或 110 kV 的配电网且度－度相关函数都表现为先递减后递增，即这两个层－核子网的较小度的节点倾向于负向匹配，而较大度的节点表现为正向匹配；而 2 层－核以上子网（不包含配电网络

的子网）均表现为负向匹配，即 2 层 – 核以上子网中的小度节点均倾向于与大度节点相连。

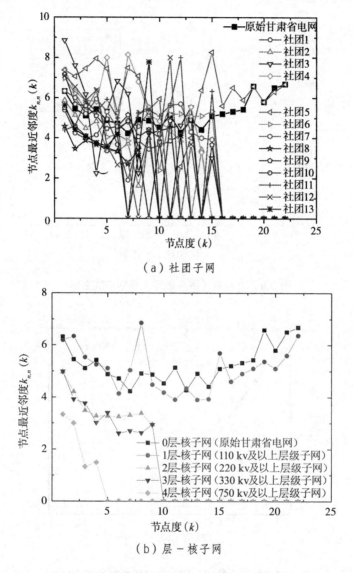

（a）社团子网

（b）层 – 核子网

图 3.8　电网中社团与层 – 核的度 – 度相关

图 3.9 和图 3.10 分别测试了各社团与层 – 核子网节点的平均簇系数和平均最短路径长度。测试结果表明：①社团的节点平均簇系数和平均最短路径长度均整体上表现出相似性，以原始网络为中心上下波动；②随着层次增加，层 – 核子网节点的平均簇系数和平均最短路径长度近似地呈线性递减；③上述测试

结果（见图 3.5 ～图 3.10）表明，实际电网在社团及层－核子网中均表现出一定程度的自相似特性。

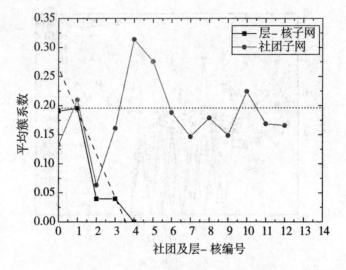

图 3.9　电网中社团与各层－核平均簇系数

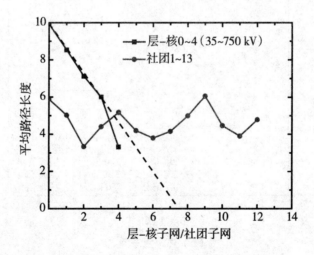

图 3.10　电网中社团与层－核子网内平均最短路径

接下来，本节进一步分析实际电网中各层级子网各自的特征。图 3.11 和图 3.12 分别测试了各层级子网中的每个节点归一化的簇系数、度、介数及其平均值。图 3.11 和图 3.12 表明，较低层次的子电网中节点具有较大的簇系数、较小的节点度和介数，而较高层次的子电网中节点表现出较小的簇系数、较大的度值和介数。如图 3.12 所示，节点平均介数随层级的增加 [35 kV → 110 kV → 330 kV（含 220 kV）→ 750 kV] 呈现近似的幂律增加，节点平均度 35 kV 层级 → 330 kV 层级也表现为近似的幂律增加，但 330 kV 层级 → 750 kV 层级节点度反而下降，这是因为 330 kV（含 220 kV）节点及边组成的层级子网为甘肃省电网内的骨干网络，而 750 kV 子网为跨省跨大区网 [西北电网区（国网五大区域电网之一）]。

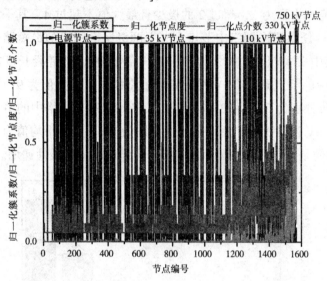

图 3.11　各层级子网节点的归一化的簇系数、度及介数

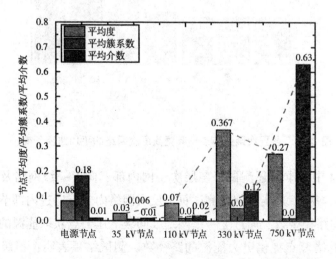

图 3.12　各层级子网节点的平均簇系数、平均度及平均介数

最后，根据各层级子电网的最短路径长度分析电网能量传输特性。电力网络中各层次网络节点到其更高层次网络的路径长度，其实质是测试较低层次的网络从较高层次网络及与其电压等级一致的电源节点获取电力能源的路径长度。任意层次网络中节点到其上一级层次网络和电源节点的最短路径长度（如35 kV网络中的节点到110 kV网络及35 kV电源节点、110 kV网络中节点到330 kV网络及110 kV电源节点、330 kV网络中节点到750 kV网络及330 kV电源节点）绝大多数为1，超过2的极少且最大值不超过4，其平均值为1.41（见图3.13）；任意层次网络中节点到其上两级层次网络的最短路径长度大多数等于3，其中35 kV网络中的节点到330 kV网络的最短路径长度最大值为6，110 kV网络中的节点到750 kV网络的最短路径长度最大值为9，这两种最短路径的平均值分别为2.69和3.77（见图3.13）；35 kV网络中的节点到最高层次网络（750 kV网络）的最短路径长度范围为3~11且其平均值为5.41（见图3.13）。有趣的是，层级平均最短路径随着层级的增加呈线性递增。

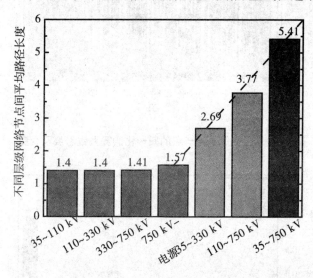

图3.13 各层次网络节点到其更高层次网络的平均路径长度

在图3.14中，本节还测试了各层次子网内部、向上一级网络及向下一级网络的节点平均度，其实质就是测试每个层次网络内节点通过内部节点获取电力能源的平均路径条数、通过上一级网络或同级电压节点获取能源的路径数以及向下一级网络节点提供电力能源的路径数。测试结果表明：层级内部获取电力能源的平均路径条数为1.07~2.87，这两个边界值分别对应35 kV层级和

330 kV 层级网络；从上一级网络或同级电压节点获取能源的平均路径条数最小范围为 0.72~1.3；向下一级网络节点提供电力能源的平均路径条数最大范围为 1.66~3.58。330 kV 层级网络相对于其他层级网络而言，其上述三种平均度（平均路径数）是最大的，因为其在原始网络中的节点度也是最大的（见图 3.12）。

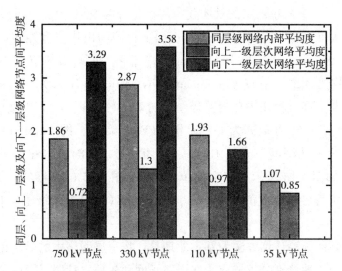

图 3.14　各层次子网内部、向上一级层次子网及向下一级子网的节点平均度

综合以上仿真测试结果，可得出如下结论：①实际电网在其社团及层 – 核子网上表现出一定程度的自相似特性；②较低层次的子电网中节点具有较大的簇系数和较小的节点度和介数，而较高层次的子电网中节点的度值和介数较大，簇系数较小；③将上一级层次网络视为电源，则任意层次网络中节点从其上一级网络和同级电源节点获取电力能源的最短路径长度很小（平均值为 1.41），且层级平均最短路径随着层级的增加呈线性递增；④传输层级网络（如甘肃省电网中的 750 kV 和 330 kV 网络）中节点向其下级网络的出度很大（甘肃省电网中的 750 kV 和 330 kV 网络中平均值分别为 3.29 和 3.58），其表明传输层级网络中节点的连接边大多与其下一级网络相连。

3.3　电力网络关键节点及边快速辨识方法

关键节点的定义和辨识方法有很多，包括高度节点（HD）、高度自适应节点（HDA）、网页排序（PR）[114]、高集群影响节点（CI）[118]及介数中心性（BC），本节主要研究电力网络介数中心性（BC）（含点介数与边介数）的快速辨识方法。

3.3.1 社团化与层次化分解模型

图 3.15 是一个简单网络的社团化与层次化分解模型，由三个社团（C_1，C_2，C_3）组成，每个社团内部节点密集相连而各社团间由边稀疏连接。社团间边（intercommunity edges，ICEs）（$e_{7,10}$，$e_{7,21}$，$e_{16,21}$，$e_{16,20}$）两端的节点（v_7，v_{10}，v_{16}，v_{20}，v_{21}）被称为社团间节点（intercommunity vertices，ICVs），而每个社团内部的社团间节点在其社团内最短路径经过的节点（v_{13}，v_{18}，v_{19}）和边（$e_{10,13}$，$e_{13,16}$，$e_{21,18}$，$e_{18,19}$，$e_{19,20}$）分别简称为 ISPVs 和 ISPEs。层级子网（hierarchal subnet，HSN）定义为由社团间节点（ICVs）、社团间边（ICEs）、ISPVs 和 ISPEs 组成的子网。如图 3.15 所示，一个简单网络 [见图 3.15（a）] 经社团化与层次化分解后，可得各自独立的社团子网 [见图 3.15（b）] 及层级子网 [见图 3.15（c）]。

介数中心性分解计算方法的基本原理是：将全局网络中的最短路径搜索及相应的介数中心性计算分解转化为在层级子网和各独立社团子网中分别进行计算，然后根据计算结果直接求解社团之间节点对间的路径及更新相应的介数中心性（详细的算法描述见 3.2 节）。然而，对于某些社团来说，其内部社团间节点对在其社团内的最短路径长度大于等于其在层级子网内的最短路径（本章称之为路径更新条件）。如果这种现象存在（路径更新条件成立），则在这些社团内得到的最短路径长度与在网络全局搜索得到的最短路径长度并不相符，势必导致介数中心性计算的错误。例如，对于图 3.16（d）中的社团 C'_3 来说，其内的两个社团间节点对（v_{20}，v_{21}）在社团 C_3 内的最短路径（$e_{21,18} + e_{18,19} + e_{19,20}$）大于其在层级子网内的最短路径（$e_{21,16} + e_{16,20}$），即满足路径更新条件；如果不对满足路径更新条件的社团 C_3 进行更新，则社团 C_3 内节点对（v_{20}，v_{21}）间以及所有途经节点对（v_{20}，v_{21}）的最短路径计算（或搜索）都是错误的，相应的介数计算结果也是错误的。

为解决上述问题，必须对上述满足路径更新条件的社团进行更新。相应的更新方法为：这些社团将满足路径更新条件的途经层级网络内最短路径的节点和边纳入其社团并组成更新社团。例如，如图 3.15（d）所示，在更新后的社

团 C_3' 内的节点间的路径搜索，从网络全局角度来看都是正确的。值得注意的是：①这些更新的节点与原社团内节点间的最短路径不需要搜索，以免造成后续的重复搜索；②计算上述不满足路径更新条件的社团不需要更新。上述更新方法正确性的严格证明见下一节。

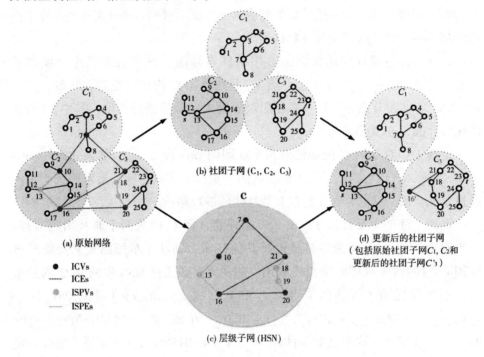

(a) 原始网络

- ● ICVs
- ----- ICEs
- ● ISPVs
- ----- ISPEs

(b) 社团子网 (C_1，C_2，C_3)

(c) 层级子网 (HSN)

(d) 更新后的社团子网
（包括原始社团子网 C_1，C_2 和更新后的社团子网 C'_3）

图 3.15　介数中心性计算的社团化与层次化分解模型

3.3.2　介数中心性社团化与层次化分解计算方法

从上述社团化与层次化分解模型可知，在具有社团化与层次化结构的网络中的层级子网桥接了所有社团，在最短路径及介数中心性的搜索与计算过程中起着至关重要的作用。基于分解模型的介数计算方法的基本思路是：①采用社团探测算法划分网络社团（如果网络的社团结构已知，则此步骤可省略），提取并标注层级子网及社团子网；②更新社团后（如果路径更新条件不满足可省略），分别独立地搜索各社团及层级子网中节点对间的最短路径并计算相应的介数中心性；③依据上述结果并结合二部图匹配，计算不同社团节点对间的最短路径及相应的介数中心性，最终获得整个网络的最短路径总数及介数中心性。本部分余下内容包括定理与推理、介数分解方法的理论计算过程及其有效性论证、具体的介数分解计算算法、算法复杂度分析及介数分解方法在动态环境和并行计算中的应用。

1. 定理与推论

为证明本章介数中心性分解方法理论计算的严格有效性，首先给出与之相关的两个定理及其两个推论并提供相应的推导证明过程，再利用这些定理及推论严格推导介数分解方法的计算过程。

设 v_{ga} 与 v_{gb} 是社团结构网络 G 中的任意社团 C_i 内的任意两个社团间的节点，定义 $dC_i(v_{ga}, v_{gb})$ 为节点 v_{ga} 与 v_{gb} 间在社团 C_i 内的最短路径长度，定义 $dHSN(v_{ga}, v_{gb})$ 为节点 v_{ga} 与 v_{gb} 间在层级子网内的最短路径长度，其中，i 为社团编号，ga，gb 为节点编号。

定理 1：对社团 C_i 内的任意两个社团间节点 (v_{ga}, v_{gb})，如果 $dC_i(v_{ga}, v_{gb})$ $< dHSN(v_{ga}, v_{gb})$ 均成立，则社团 C_i 内的任意两个节点对间的最短路径必定不经过其他社团；反之，存在经过其他社团的最短路径。

定理 1 证明（反证法）：设 s，t 是任意社团 C_i 内的两个非社团间节点，如果存在节点 (s, t) 间最短路径经过其他社团，则这个最短路径必定路经该社团 C_i 内的两个社团间节点（一出一进），即必通过 HSN 中的非 C_i 内的节点，不妨设这两个社团间节点为 v_{ga} 和 v_{gb}；那么，$dC_i(s, v_{ga}) + dHSN(v_{ga}, v_{gb})$ $+ dC_i(v_{gb}, t) < dC(s, v_{ga}) + dC_i(v_{ga}, v_{gb}) + dC_i(v_{gb}, t)$ 成立，则 $dHSN(v_{ga}, v_{gb}) <$ $dC_i(v_{ga}, v_{gb})$ 成立。这与已知条件 $dC_i(v_{ga}, v_{gb}) < dHSN(v_{ga}, v_{gb})$ 矛盾。因此，定理 1 得证。

定理 2：层级子网内任意两个社团间节点间的最短路径必定不经过该层级子网外的其他节点和边。

定理 2 证明（反证法）：①假设这两个社团间节点位于同一社团 C_i 内，如果这两个社团间的节点间的最短路径经过了同一社团 C_i 内非 HSN 内的节点，则这与 HSN 的定义矛盾；如果这两个社团间节点经过了另一社团 C_j 内非 HSN 的节点，则该最短路径必定经过社团 C_j 内的两个社团间节点，这同样与 HSN 的定义矛盾。②假设这两个社团节点不在同一个社团内部，如果这两个社团间的节点间的最短路径经过某一非 HSN 内的节点，同理与 HSN 定义矛盾。因此，定理 2 得证。

推论 1：任意源节点 s 与任意目的节点 t 的路径搜索如果通过 HSN 进行，则等价于在其整个网络全局范围内的最短路径搜索。

推论 1 证明：①如果 s，t 均为社团间节点，由定理 2 可知，推论 1 显然成立；②如果 s,t 均不为社团间节点，由定理 1 和定理 2 可知，推论 1 也成立。因此推论 1 得证。

推论 2：对于给定的任意社团 C_i，如果其内部存在任意两个社团间节点对 $(v_{ga}$，$v_{gb})$ 的最短路径使得 $dC_i(v_{ga}$，$v_{gb}) < dHSN(v_{ga}$，$v_{gb})$ 不满足，则社团 C_i 内任意两个节点 (s, t) 的最短路径在网络全局范围内的搜索等价于其在更新社团 C_i' 内的搜索。

推论 2 证明：对于给定的任意社团 C_i，如果其内部存在任意两个社团间节点对 $(v_{ga}$，$v_{gb})$ 的最短路径不满足 $dC_i(v_{ga}$，$v_{gb}) < dHSN(v_{ga}$，$v_{gb})$，则：①如果社团 C_i 内节点 (s, t) 均为社团 C_i 内社团间节点，由定理 2 可知，任意两个社团间节点间的最短路径仅通过该网络层次子网内的节点和边，根据更新社团的定义（可见其定义及图 3.16 中的例子）这个最短路径经过的 HSN 节点及边保护在更新社团内，因此结论得证；②否则（社团 C_i 内节点 (s, t) 不全为社团 C_i 内社团间节点），由定理 1 及推论 2 可知，社团 C_i 内节点 (s, t) 间的最短路径必定经过其他社团内的节点及边且这些最短路径经过的节点和边在 HSN 中，根据更新社团的定义，这个最短路径经过的 HSN 节点及边保护在更新社团内，因此结论亦得证。

2. 介数分解方法的理论计算过程及其有效性论证

首先，搜索所有社团及层次子网的内节点对之间的最短路径并计算相应的介数：①基于社团化与层次化分解模型（见图 3.16），将原始网络分解得到各独立社团及层次子网；②依据上一节的路径更新条件判断满足更新条件的社团；③搜索所有社团及层次子网的内节点对之间的最短路径并计算相应的介数。设 V_i 为任一社团 C_i 内的节点集，V_i^{ICV}（$V_i^{ICV} \subset V_i$）为社团 C_i 内的社团间节点集，$V_i^{N\_ICV}$（$V_i^{N\_ICV} \subset V_i$）为社团 C_i 内的非社团间节点集且有 $V_i^{ICV} \cup V_i^{N\_ICV} = V_i$，$V_{HSN}$ 为层级子网节点集，则根据节点及边介数的定义式（3.7）和式（3.8）以及 Brandes 算法 [94]，得任意社团（C_i）及层次子网内节点及边介数如下：

$$\Delta VB_1(v) = \sum_{i=1,s,t \in V_i^{ICV},s \neq t}^{i=n_C} \sigma_{st}(v) + \sum_{s,t \in V_{HSN},s \neq t} \sigma_{st}(v) \tag{3.15}$$

$$\Delta EB_1(e_{u,v}) = \sum_{i=1,s,t \in V_i^{ICV},s \neq t}^{i=n_C} \sigma_{st}(e_{u,v}) + \sum_{s,t \in V_{HSN},s \neq t} \sigma_{st}(e_{u,v}) \tag{3.16}$$

式中：n_C 为社团的数目。相应地，总路径数为 $\sum\limits_{i=1,s,t\in V_i^{\mathrm{ICV}},\,s\neq t}^{i=n_C}\sigma_{st}+\sum\limits_{s,t\in V_{\mathrm{HSN}},\,s\neq t}\sigma_{st}\circ$

社团更新后，所有社团及层级子网内部节点对之间的最短路径搜索都等价于网络全局范围内的最短路径搜索，理由如下：①由定理1可知，对社团 C_i 内的所有任意两个社团间节点 (v_{ga}, v_{gb})，如果 $\mathrm{d}C_i(v_{ga}, v_{gb}) < \mathrm{dHSN}(v_{ga}, v_{gb})$ 均成立，则社团 C_i 不需要更新且社团 C_i 内的任意两个节点对间的最短路径必定不经过其他社团（结论成立）；②如果社团 C_i 内存在社团间节点对 (v_{ga}, v_{gb}) 间的最短路径不满足 $\mathrm{d}C_i(v_{ga}, v_{gb}) < \mathrm{dHSN}(v_{ga}, v_{gb})$，由推论2可知，社团 C_i 必须更新且更新社团 C_i' 内任意节点对间的最短路径搜索等价于在整个网络全局范围内的路径搜索；③由定理2可知，HSN内任意两个社团间节点间的最短路径在HSN范围内的搜索等价于在整个网络全局范围内的搜索。因为上述最短路径搜索是正确的，所以所有社团及层级子网内部节点及边介数的计算也是正确无误的。

接下来，搜索来自不同社团子网节点对 s 和 t（s, t 不同时为社团间节点）间的最短路径并更新最短路径经过的节点及边的介数。如图 3.16 所示，不妨设 $s\in V_a$，$t\in V_b$，其中 V_a 和 V_b 为两个任意社团 C_a 和 C_b 内的节点集且 $a\neq b$，定义 V_a^{ICV}（$V_a^{\mathrm{ICV}}\subset V_a$）和 V_b^{ICV}（$V_b^{\mathrm{ICV}}\subset V_b$）为社团 C_a 和 C_b 内的社团间节点集，$V_a^{\mathrm{N\_ICV}}$（$V_a^{\mathrm{N\_ICV}}\subset V_a$）和 $V_b^{\mathrm{N\_ICV}}$（$V_b^{\mathrm{N\_ICV}}\subset V_b$）为社团 C_a 和 C_b 内的非社团间节点集，且有 $V_a^{\mathrm{ICV}}\cup V_a^{\mathrm{N\_ICV}}=V_a$ 和 $V_b^{\mathrm{ICV}}\cup V_b^{\mathrm{N\_ICV}}=V_b$；设 V_{HSN} 为层级子网节点集，则有 $V_a\cap V_{\mathrm{HSN}}=V_a^{\mathrm{ICV}}=\{g_{a,1},g_{a,2},\cdots,g_{a,i},\cdots,g_{a,n_a}\}$，$V_b\cap V_{\mathrm{HSN}}=V_b^{\mathrm{ICV}}=\{g_{b,1},g_{b,2},\cdots,g_{b,i},\cdots,g_{b,n_b}\}$。因为 s, t 同时为社团间节点时（$s\in V_a^{\mathrm{ICV}}$ 且 $t\in V_b^{\mathrm{ICV}}$）的最短路径搜索及介数计算已经在上一步骤中层次子网中完成，所以本步骤中的节点对 (s, t) 包括以下三种情况：①$s\in V_a^{\mathrm{N\_ICV}}$，$t\in V_b^{\mathrm{N\_ICV}}$；②$s\in V_a^{\mathrm{ICV}}$，$t\in V_b^{\mathrm{N\_ICV}}$；③$s\in V_a^{\mathrm{N\_ICV}}$，$t\in V_b^{\mathrm{ICV}}$。前者为通用情况，后两者为前者的特殊情况，后续将说明。对于前者（情况①），由推论1可知，来自不同社团的非社团间节点对 (s, t) 间的最短路径 $\mathrm{d}G(s, t)$（这里 G 代表原始网络）必定从 s 出发，经 C_a 内的社团间节点 $g_{a,i}$（$g_{a,i}\in V_a^{\mathrm{ICV}}$），通过层级子网 HSN，再经 C_b 内的社团间节点 $g_{b,i}$（$g_{b,i}\in V_b^{\mathrm{ICV}}$），最终到达节点 t，即 $\mathrm{d}G(s, t)=\mathrm{d}C_i(s, g_{a,i})+\mathrm{dHSN}(g_{a,i}, g_{b,j})+\mathrm{d}C_j(g_{b,j}, t)$，其中 $\mathrm{d}C_i(s, g_{a,i})$ 为从源节点 s 到 $g_{a,i}$ 的最短路径，$\mathrm{dHSN}(g_{a,i}, g_{b,j})$ 为从 $g_{a,i}$ 到 $g_{b,j}$ 的最短路径，$\mathrm{d}C_i(g_{b,j}, t)$ 为从 $g_{b,j}$ 到目

的节点 t 的最短路径。如果 $s = g_{a,i}$ 则 $dC_i(s, g_{a,i}) = 0$（情况②）；如果 $t = g_{b,j}$，则 $dC_j(g_{b,j}, t) = 0$（情况③）。

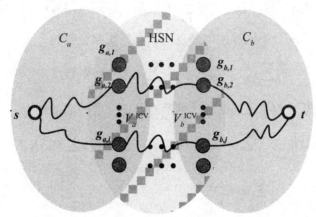

图 3.16　基于二部图匹配的不同社区子网节点对间的最短路径搜索

上述来自不同社区子网节点对间的最短路径搜索及相应介数计算可通过二部图 (V_a^{ICV}, V_b^{ICV}) 匹配（见图 3.16）来解决。首先可计算来自不同社团子网节点对间的最短路径长度：

$$dG(s,t) = \{dC_i(s,g_{a,i}) + dHSN(g_{a,i},g_{b,j}) + dC_j(g_{b,j},t)\}_{min} \tag{3.17}$$

因为 $dC_i(s, g_{a,i})$，$dHSN(g_{a,i}, g_{b,j})$，$dC_j(g_{b,j}, t)$ 已在上一步骤中计算且保存，所以 $dG(s, t)$ 可通过式（3.17）比较二部图匹配集中的每一个元素得到，且获得的结果是严格有效的。

通过式（3.17）可得满足条件的所有路径及相应的介数更新。注意，满足式（3.17）的最短路径数可能并不唯一且节点与边介数以及介数的归一化计算需要知道满足式（3.17）的每条最短路径。设满足式（3.17）的二部图集为 X（$|X| \in (0, n_a \times n_b)$），不妨设 $x_k = \{g_{a,i}, g_{b,j}\}$ 是 X 的一个任意匹配元素，则来自不同社团的任意节点对 (s, t) 间的最短路径经过匹配元素 x_k 的数目 $\sigma_{st}(x_k)$ 可由下式获得：

$$\sigma_{st(s \in V_a^{N\_ICV}, \, t \in V_b^{N\_ICV}, \, a \neq b)}(x_k) = \sigma_{st}(g_{a,i}, g_{b,j}) = \sigma_{sg_{a,i}} \sigma_{g_{a,i}t}(g_{b,j}) = \sigma_{sg_{a,i}} \sigma_{g_{a,i}g_{b,j}} \sigma_{g_{b,j}t} \tag{3.18}$$

式中：$\sigma_{sg_{a,i}}$ 为节点对 $(s, g_{a,i})$ 间的最短路数，且如果 $s = g_{a,i}$，则 $\sigma_{sg_{a,i}} = 1$；$\sigma_{g_{a,i}g_{b,j}}$ 为节点对 $(g_{a,i}, g_{b,j})$ 间的最短路数；$\sigma_{g_{b,j}t}$ 为节点对 $(g_{b,j}, t)$ 间的最短路数，且如果 $g_{b,j} = t$，则 $\sigma_{g_{b,j}t} = 1$。这些路径数已经在前面社团子网 C_a、C_b 及层级子网的搜索

中完成并保存。考虑到 X 的每一个匹配元素，则最短路径数为

$$\sigma_{st(s \in V_a^{N\_ICV}, t \in V_b^{N\_ICV}, a \neq b)} = \sum_{k=1}^{k=|X|} \sigma_{st(s \in V_a^{N\_ICV}, t \in V_b^{N\_ICV}, a \neq b)}(x_k) \quad （3.19）$$

考虑每一个来自不同社团的节点对，则最短路径数为

$$\sum_{s \in V_a^{N\_ICV}, t \in V_b^{N\_ICV}, a \neq b} \sigma_{st} = \sum_{s \in V_a^{N\_ICV}, t \in V_b^{N\_ICV}, a \neq b} \sum_{x=1}^{k=|X|} \sigma_{st}(x_k) \quad （3.20）$$

相应地，任意位于上述路径上的节点及边介数的增加量为

$$\Delta VB_2(v) = \sum_{s \in V_a^{N\_ICV}, t \in V_b^{N\_ICV}, a \neq b} \sigma_{st}(v) = \sum_{s \in V_a^{N\_ICV}, t \in V_b^{N\_ICV}, a \neq b} \sum_{x=1}^{k=|X|} \sigma_{st}(x_k, v) \quad （3.21）$$

$$\Delta EB_2(e_{u,v}) = \sum_{s \in V_a^{N\_ICV}, t \in V_b^{N\_ICV}, a \neq b} \sigma_{st}(e_{u,v}) = \sum_{s \in V_a^{N\_ICV}, t \in V_b^{N\_ICV}, a \neq b} \sum_{x=1}^{k=|X|} \sigma_{st}(x_k, e_{u,v}) \quad （3.22）$$

综合上述路径搜索及介数计算，可得整个网络搜索的路径总数：

$$\sum_{s,t \in V, s \neq t} \sigma_{st} = \sum_{i=1, s,t \in V_i^{ICV}, s \neq t}^{i=n_C} \sigma_{st} + \sum_{s,t \in V_{HSN}, s \neq t} \sigma_{st} + \sum_{s \in V_a^{N\_ICV}, t \in V_b^{N\_ICV}, a \neq b} \sigma_{st} \quad （3.23）$$

由式（3.15）、式（3.16）、式（3.21）和式（3.22）得任意节点与边介数分别为

$$VB(v) = \Delta VB_1(v) + \Delta VB_2(v) \quad （3.24）$$

$$EB(e_{u,v}) = \Delta EB_1(e_{u,v}) + \Delta EB_2(e_{u,v}) \quad （3.25）$$

相应地，归一化的节点及边介数可由式（3.23）、式（3.24）和式（3.25）及介数归一化定义式（3.9）与式（3.10）分别获得。到此为止，实现了整个网络每个节点对的路径搜索及任意节点与边的介数计算且相关的理论推导是严格有效的。以下是上述理论的具体实现算法。

3. 详细的介数中心性分解算法

本介数中心性分解计算方法分别采用广度优先搜索算法（breadth-first search，BFS）和 Dijkstra 算法进行无权网络和加权网络的最短路径搜索，并采用 Brandes 方法[94]计算各社团和层级子网的节点及边的介数，图 3.17 为该计算方法的流程图。

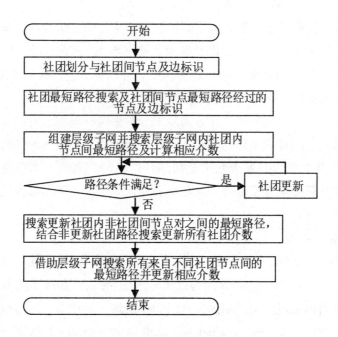

图 3.17　介数分解计算流程图

具体算法如下。

第一步，根据网络社团结构，标注社团间节点及边。值得注意的是，如果事先未知网络社团结构，需划分网络社团结构（经典的社团探测算法可见文献[102–109]）。

第二步，搜索并保存每个社团内社团间节点对的最短路径，并标注社团间节点对最短路径经过的节点及边。

第三步，提取第一步和第二步中标注的社团间节点和边以及 ISPVs 和 ISPEs 组建层级子网，搜索并保存层级子网内所有社团间节点对之间的最短路径及这些最短路径经过的节点与边及其数目，并采用 Brandes 方法计算层级子网内节点与边的相应介数。

第四步，比较社团间节点对之间在各社团内与层级子网内最短路径长度（第二步与第三步），判别路径条件是否满足，对路径条件满足的社团按照前述的社团更新方法进行更新。

第五步，计算每个更新社团内所有非社团间节点对间的最短路径并保存最短路径经过的节点与边及其数目；依据该路径搜索及第二步中路径搜索结果，并采用 Brandes 方法计算所有社团（含更新社团）内节点及边介数。

第六步，依据社团内节点对之间的路径搜索（第二步与第五步）并借助层级子网内社团间节点对之间的路径搜索（第三步），直接计算不同社团间不同时包含社团间节点对之间的最短路径长度，并依据式（3.24）和式（3.25）更新这些最短路径经过的节点和边的介数。

本章的介数中心性分解计算方法基于分解模型，仅需分解局部结构信息便可得到全局网络的最短路径及介数中心性。而即使是最快的传统的介数中心性计算方法 [85, 90, 94, 96] 也是基于网络全局结构信息的。因此，本章的介数中心性计算方法的计算效率优于传统的介数中心性计算方法。下面将详细分析本章的介数算法复杂度。

4. 复杂度分析

对无权和加权网络来说，第二步中的预处理时间分别为 $w_i m_i$ 和 $w_i m_i + w_i^2 \lg w_i$，其中 m_i，w_i 分别为社团 C_i 中边的数目和社团间节点数目。对无权和加权网络来说，第三步的运行时间（层级子网中节点及边的介数中心性运行时间）分别是 wq 和 $wq + w^2 \lg w$，这里 w 和 q 分别为层级子网中节点和边的数目。对无权和加权网络而言，在第五步中，对任意社团 C_i，其内的节点和边介数中心性的计算时间分别为 $(n_i - w_i) m_i$ 和 $[(n_i - w_i) m_i + (n_i - w_i)^2 \lg (n_i - w_i)]$，其中 n_i 是社团 C_i 的节点数目。

由上述第六步可知，对无权或加权网络而言，从任意社团 C_i 中的任意非社团间节点到其他社团节点的介数中心性的计算时间为 $(n - n_i)$，其中 n 为网络的总节点数目。考虑到社团 C_i 的非社团间的节点数为 $(n_i - w_i)$，则对社团 C_i 中的所有节点而言，其介数中心性的计算时间为 $(n_i - w_i)(n - n_i)$。由此可知，无权网络的所有节点和边的介数中心性的计算复杂度为

$$T_{uw} = \sum_{i=1}^{c} \left(w_i m_i + (n_i - w_i) m_i + (n_i - w_i)(n - n_i) \right) + wq$$
$$= n^2 - w(n - q) + \sum_{i=1}^{c} (m_i + w_i - n_i) n_i \qquad (3.26)$$

式中：$n = \sum_{i=1}^{c} n_i$，$w = \sum_{i=1}^{c} w_i$，c 为该无权网络中的社团数目。

同理可得，加权网络的所有节点和边的介数中心性的计算复杂度为

$$T_w = T_{uw} + w^2 \lg w + \sum_{i=1}^{c} \left((n_i - w_i)^2 \lg (n_i - w_i) + w_i^2 \lg w_i \right) \qquad (3.27)$$

接着，将讨论两种特殊网络的介数中心性计算复杂度：一种是无社团结构的网络；另一种为具有社团结构的网络，并且这种网络的社团结构数目多且每

个社团都具有相同数目的节点及边，社团间边及节点的数目相同，ISPV 节点及 ISPE 边的数目也一致。对前者（无社团结构的网络）而言，这个网络就是一个社团（社团的数目为 1）且层次化网络（HSN）不存在（$w = 0$），其无权及加权网络的介数中心性计算复杂度分别达到最大值，即 $(T_{uw})_{max} = mn$，$(T_w)_{max} = mn + n^2 \lg n$，这其实就是 Brandes 介数中心性方法的计算复杂度。对于后者（具有社团结构的网络）而言，有 $w = n_i = n/c$，$q = m_i = m/c = n\langle k \rangle / 2c$，相应地式（3.26）、式（3.27）可简化如下：

$$T_{uw} = n^2 \left(1 + \frac{\frac{\langle k \rangle}{2} - 2}{c} + \frac{\frac{\langle k \rangle}{2} + 1}{c^2} \right) \tag{3.28}$$

$$T_w = n^2 \left(1 + \frac{\frac{\langle k \rangle}{2} - 2}{c} + \frac{\frac{\langle k \rangle}{2} + 1}{c^2} \right) + \frac{c^2 + c + 1}{c^3} n^2 \lg \frac{n}{c} \tag{3.29}$$

式中：$\langle k \rangle$ 是网络的平均度。

如果 $(c + 2) \gg \frac{\langle k \rangle}{2}$，$\left(\frac{\frac{\langle k \rangle}{2} - 2}{c} + \frac{\frac{\langle k \rangle}{2} + 1}{c^2} \right) \ll 1$（对于电网来说，这通常是成立的），则式（3.28）、式（3.29）可进一步近似地简化为

$$T_{uw} \approx n^2 \tag{3.30}$$

$$T_w \approx n^2 + \frac{1}{c} n^2 \lg \frac{n}{c} \tag{3.31}$$

上述分析表明，对已知社团结构的无权和加权网络而言，本章提出的介数中心性方法的计算复杂度位于上述两种特殊网络的介数中心性计算复杂度之间，即 $T_{uw} \in (n^2, mn)$，$T_w \in \left(\left(n^2 + \frac{1}{c} n^2 \lg \frac{n}{c} \right), (mn + n^2 \lg n) \right)$。对于无权和加权电力网络而言，本章的快速算法的复杂度分别为 $T_{uw} \approx n^2$ 和 $T_w \approx n^2 + \frac{1}{c} n^2 \lg \frac{n}{c}$，其明显快于目前最快速的 Brandes[94] 和 Newman[85] 方法（无权为 $O(nm)$，加权为 $O(nm + n^2 \lg n)$）。

此外，由式（3.28）、式（3.29）可知，具有社团结构的网络的介数中心性的计算复杂度与层级化的社团结构特性相关：更多的社团数目、更均匀的

社团规模、更强的层次化结构（更小规模的 HSN）将导致更低的计算复杂度。对于未知社团结构的网络而言，介数中心性计算方法还必须考虑社团结构的划分时间（复杂度）。

5.介数中心性分解计算方法在动态环境和并行计算中的应用

在动态环境中，网络拓扑结构可能频繁发生微小变化，且仅限于一些局部社团范围。例如，电网中的随机故障可能会触发一条线路中断。在这种动态环境中，网络介数中心性需要频繁地在线更新，如重新评估输电线路的实时容量。

在上面所述的动态环境下，传统的介数中心性计算方法需要完全重新计算，时间花费巨大，不利于在线计算；而本章的介数分解算法在此情况下只需增加少量运行时间。以图 3.18（a）为例，在仅社团 C_3 的拓扑结构发生改变的情况下，采用本章的介数计算方法，只需重新更新社团 C_3 及 C_3 与其他社团 C_i（$i = 1, 2, \cdots, 5$）间节点及边的介数中心性，则总计更新的时间复杂度为 $O\left(n_3 m_3 + n_3 \sum\limits_{i=1,\ i\neq3}^{5} n_i\right) = O(n_3 m_3 + n_3 n) \approx O(n_3 n)$，其中 $n = \sum\limits_{i=1}^{5} n_i$，$m = \sum\limits_{i=1}^{5} m_i$。由式（3.30）可知，在此动态环境下的介数中心性的更新时间显著减少，近似为原来静态计算介数中心性计算时间的 n_3/n 倍。

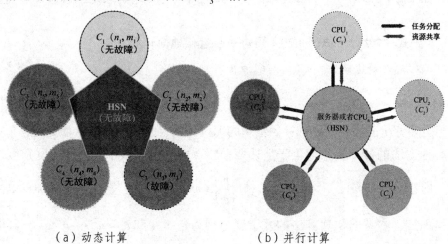

（a）动态计算　　　　　　　　（b）并行计算

图 3.18　介数的动态计算和并行计算示意图

本章的介数中心性计算方法在并行计算中也具有天然优势。计算资源包括介数分解方法所需的存储空间和处理过程，可以便利地以并行运行方式划分，因为用于搜索最短路径的信息来自独立的社团和层级子网，此外，存储在步骤三和步骤五中用于计算介数中心性的数据集也是独立的。本章的介数中心性分解计算方法可依据社团和层级子网明晰地分配并行计算所需存储及处理器资源。例如，在图 3.18（b）中，用于计算具有五个社团的给定网络的介数中心性（BC）的一个服务器和五个 CPU 的计算任务分配如下。

（1）服务器划分并隔离网络社团，标记社团间的边和节点，根据社团的大小和数量分配计算任务并将社团信息发送给其他 CPU。

（2）每个 CPU 在其社团中搜索所有社团间节点对的最短路径，标记并与服务器共享 ISPV 节点和 ISPE 边。

（3）服务器构建层级子网并搜索层级子网内所有节点的最短路径，且与每个 CPU 共享最短路径的信息；每个 CPU 计算其所在社团节点及边的 BC 并与服务器共享其社团内节点间的最短路径信息。

（4）CPU_i 依据（3）中的信息计算 C_i 与（C_{i+1}，C_{i+2}）（如果 $i > 5$，$i = i - 5$）节点间的最短路径及介数中心性并将计算结果分享给服务器，服务器更新各 CPU 共享的信息并结合自身计算的信息更新网络中所有节点及边的介数中心性。

从上述分析可知，CPU_i 的主要任务是计算社团 C_i 内及 C_i 与 C_{i+1}，C_{i+2} 间节点及边的介数，而服务器的主要任务为 HSN 中节点及边介数中心性的计算以及整个网络中节点及边介数中心性的更新。值得注意的是，在并行计算实际应用中，上述计算任务应尽量分配均匀以避免木桶效应。

3.3.3　算例仿真与分析

1. 测试网络的社团化与层级化结构

一个已知社团结构的人工网络和两个有代表性的未知社团结构实际网络（河南省电网和甘肃省电网[205, 206]）被用于测试介数中心性分解计算方法的有效性及加速效果。人工网络由 9 个随机子网（社团）组成，每个社团子网都具有相同数量的节点和边且每个社团节点平均度为 16，每个社团均包含 3 个互连的社团间节点。河南省电网由 310 个节点和 932 条边组成，甘肃省电网包含1569 个节点和 4326 条边。在上述两个电网中，节点表示变电站或发电站，边表示它们的互连关系[209, 210]。

测试用的人工随机网络的社团结构事先已知。因测试用的两个电网的社团结构事先未知，故使用本章提出的介数中心性计算方法计算其介数中心性之前必须先检测划分其社团结构。本章采用三种检测方法来划分上述两个测试用的电网社团结构。第一种是基于电压信息的社团划分方法（VIDM）。这种电网社团划分方法的理论依据是电网各社团由某一电压等级以下的节点和边组成，各连接社团间的线路主要由更高等级的电压线路组成。因此，采用基于电压信息的方法[111]，通过删除更高等级电压的边（河南省电网为 500 kV，甘肃省电网为 750 kV 和 330 kV）可将河南省电网和甘肃省电网划分为不同的社团。采用这种方法，河南省电网和甘肃省电网分别分为 9 个和 5 个社团子网。第二种是基于地理信息的检测方法（GIDM）。采用这种方法按照地级市地理信息可将河南省和甘肃省电网分别划分为 15 个和 13 个社团。第三种是 Radicchi 等人提出的社团划分方法（RCDM）[104]。RCDM 社团划分方法是一种有效且高效的方法，其优点是在事先未知网络的其他信息只知其拓扑结构的情况下能正确划分网络社团。使用 RCDM 方法，河南省电网和甘肃省电网分别分为 9 个和 6 个社团，见表 3.2。表 3.2 中 N 和 E 表示测试电网的总节点数和总边数。在层次骨干子网中，N 和 E 表示层级子网的总节点数和总边数，C_i 表示第 i 个已划分的社团。

表 3.2　电网的社团结构

电网	社团划分算法		总计	HSN	C_1	C_2	C_3	C_4	C_5	C_6	C_7	C_8	C_9	C_{10}	C_{11}	C_{12}	C_{13}	C_{14}	C_{15}
河南省电网	GIDM (N/E)		310	49	26	12	30	10	8	15	15	20	20	20	43	44	23	13	11
			932	148	77	32	86	29	21	38	41	46	48	52	129	131	62	35	30
	VIDM (N/E)		310	24	26	27	40	23	40	63	44	23	24	—	—	—	—	—	—
			932	62	77	79	122	67	104	191	131	62	70	—	—	—	—	—	—
	RCDM (N/E)		310	28	26	27	20	20	23	40	107	23	24	—	—	—	—	—	—
			932	74	77	79	54	60	67	104	326	62	70	—	—	—	—	—	—
甘肃省电网	GIDM (N/E)		1569	109	185	118	42	100	185	96	45	58	90	121	89	68	92	—	—
			4326	562	423	255	97	242	520	250	109	126	209	262	223	166	215	—	—
	VIDM (N/E)		1569	12	185	136	104	103	1041	—	—	—	—	—	—	—	—	—	—
			4326	18	445	339	260	276	2993	—	—	—	—	—	—	—	—	—	—
	RCDM (N/E)		1569	12	185	136	104	103	671	370	—	—	—	—	—	—	—	—	—
			4326	18	445	339	260	276	2101	891	—	—	—	—	—	—	—	—	—

2.介数中心性分解方法的计算有效性及效率

上述一个已知社团结构的人工随机网络和两个未知社团节点的实际电网被用于测试本章的介数中心性计算方法的有效性。测试结果如图 3.19 所示。采用本章的介数中心性计算方法与著名的 Brandes 方法计算的三个网络的节点与边介数完全一致，相对误差接近零。测试结果表明，本章的介数中心性计算方法是严格有效的，且与社团划分算法无关（见上部分的理论分析和证明）。

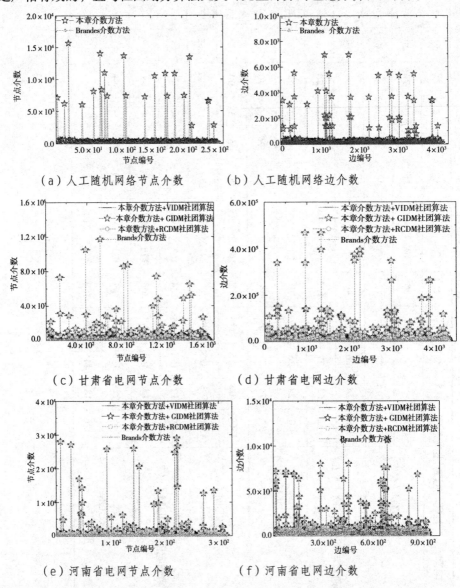

（a）人工随机网络节点介数 　　（b）人工随机网络边介数

（c）甘肃省电网节点介数 　　（d）甘肃省电网边介数

（e）河南省电网节点介数 　　（f）河南省电网边介数

图 3.19　电网节点与边介数中心性计算结果比较

在计算效率的测试中，所用网络依然是上述三个测试网络，计算性能的测试结果如图 3.20~ 图 3.23 所示。在图 3.20 中，对于已知社团结构的人工随机网络，相比 Brandes 方法，本章的介数中心性计算方法能加速网络介数中心性计算 6.17 倍，其中本章中的加速因子定义为 Brandes 方法的运行时间（复杂度）与本章的介数分解方法（复杂度）的比值。因河南省电网和甘肃省电网的社团结构事先未知，故在接下来的测试中先划分社团，其中社团划分方法包括 VIDM、GIDM、RCDM 方法（见表 3.2）。在即使分别考虑三种不同的社团划分算法运行时间的情况下，相比 Brandes 方法，本章的介数中心性计算方法也能分别加速甘肃省电网介数中心性计算 1.57，1.97，2.64 倍，能分别加速河南省电网介数中心性介数 2.32，2.51，2.71 倍。从图 3.20 也可观察到，即使划分的社团数目一致（如表 3.2 中，河南省电网采用 VIDM 和 RCDM 划分算法所得社团数目相同），社团规模（社团节点数目）的均匀程度不一致时加速效果也不同（分别为 2.32，2.51 倍）[见式（3.26）和式（3.27）]。

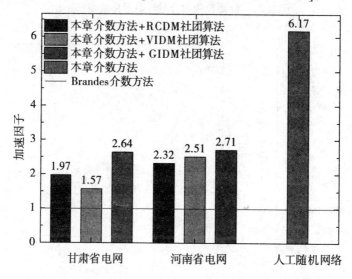

图 3.20　介数计算的加速因子比较

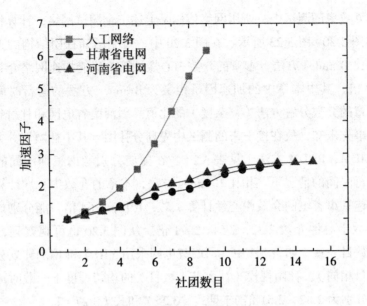

图 3.21　社团数量对介数计算效率的影响

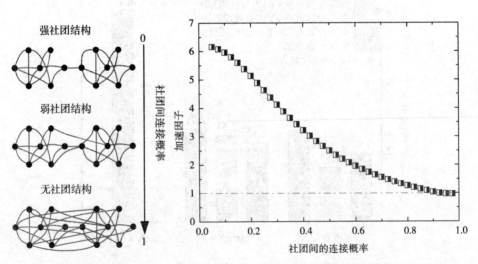

（a）社团结构强弱程度示意图[211]（b）网络社团结构强弱变化时的加速因子

图 3.22　社团的强弱程度对介数中心性计算效果的影响

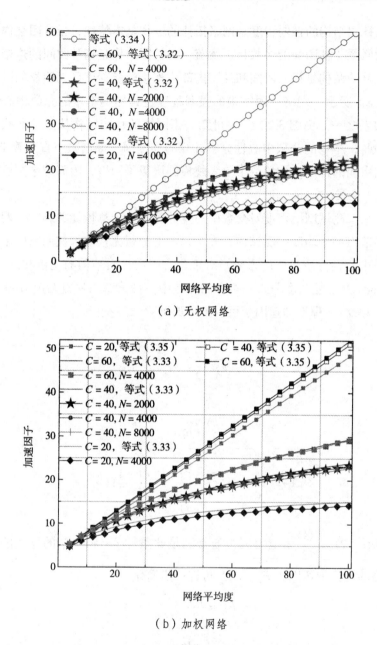

（a）无权网络

（b）加权网络

图 3.23　介数计算中加速因子与平均度的关系

划分的社团数量对本章的介数中心性算法的计算效率有影响，实验结果见图 3.21 所示。图 3.21 表明，更多的社团数目带来更高的计算效率[见式（3.26）和式（3.27）]，其中，社团数目的变化是通过合并原本相连的社团获得的。

网络社团结构的强弱程度是网络拓扑的一个基本特性，强社团结构是指社团之间的联系（社团间的边数目）稀疏，弱社团结构是指社团间的连接多而稠密，而无社团结构是指社团间和社团内部边连接稀疏程度已无明显的区别，如图 3.22（a）所示。网络社团结构的强弱程度也是影响本章的介数中心性计算效率的因素之一。由图 3.22（b）可知，当网络的社团结构从强逐渐减弱到无社团结构时，本章的介数中心性分解计算的加速因子逐渐减小直至等于 1。这是因为网络弱的社团结构导致了更大规模的层级子网络，因而带来了更高的计算复杂度 [见式（3.26）和式（3.27）]。

接下来，测试网络密度对介数中心性分解方法计算性能的影响。网络密度是指网络节点的平均度。测试前，先从理论上分析无权和加权网络的密度对本章的介数中心性分解方法的影响。对于具有同质社团结构的无权和加权网络，根据 Brands 方法复杂度公式和本章的介数中心性分解方法复杂度方程（3.28）及方程（3.29），理论加速因子可以推导如下：

$$F_{uw} = \frac{\frac{\langle k \rangle}{2}}{1 + \frac{\frac{\langle k \rangle}{2} - 2}{c} + \frac{\frac{\langle k \rangle}{2} + 1}{c^2}} \tag{3.32}$$

$$F_w = \frac{\frac{\langle k \rangle}{2} + \lg n}{\left(1 + \frac{\frac{\langle k \rangle}{2} - 2}{c} + \frac{\frac{\langle k \rangle}{2} + 1}{c^2}\right) + \frac{c^2 + c + 1}{c^3} \lg \frac{n}{c}} \tag{3.33}$$

如果$(c+2) \gg \frac{\langle k \rangle}{2}$（电力网络通常满足此条件），则本章的算法的无权和加权网络的理论加速因子 F_{uw} 和 F_w 可进一步简化：

$$F_{uw} \approx \frac{\langle k \rangle}{2} \tag{3.34}$$

$$F_w \approx \frac{\frac{\langle k \rangle}{2} + \lg n}{1 + \frac{1}{c} \lg \frac{n}{c}} \tag{3.35}$$

接着，采用一系列不同无权和加权的人工随机网络集来验证上述理论分析结果。图 3.23 中，人工随机网络的每个社团子网都具有相同节点数量且有 3

个互连的社团间节点和边。测试中，网络密度变化是通过增加每个社团子网中随机连接的边的数目来模拟且保证每个社团的密度一致的，加权网络中的节点及边的权重采用文献 [212] 的方法进行赋值。如图 3.23 所示，在初始阶段，当人工随机网络密度增加且网络密度较小时（平均度小于 10），本章的介数分解方法的加速因子呈近似线性增长，这与理论分析中的近似化式（3.34）和式（3.35）吻合。当人工随机网络的密度增大到一定程度（网络平均度大于 10），实验结果与上述理论分析中的预测结果不再吻合，而与理论分析中非线性式（3.32）和式（3.33）预测结果较为一致。对比分析图 3.23(a) 和图 3.23(b)（无权网络和加权网络），分析结果表明，本章的介数中心性分解方法对加权网络的介数中心性计算具有更好的加速效果。

3. 网络规模和动态环境对运行时间提升的影响

在图 3.24 中，人工随机网络由 9 个随机社团子网组成，每个社团子网由 32 个随机互连的节点组成，含 3 个互连的社团间节点，且每个节点的平均度为 6。测试中，社团数目保持恒定，网络规模变化（网络节点数以步长 576 从 288 增加到 3456 且保持网络节点平均度恒定不变）。图 3.24（a）表明，本章的介数中心性分解方法与 Brandes 方法的运行时间与各自理论预测的结果基本一致，即随着网络规模的增长呈现幂函数增长趋势，但本章的介数中心性分解方法的运行时间短（效率更高）。图 3.24（b）测试了本章的介数中心性分解方法在动态环境中的运行时间提升率。动态环境是指网络中有部分社团的内部结构变化时，网络的介数需要实时在线更新。图 3.24（b）表明动态环境中的本章的介数中心性分解方法的计算时间明显短于 Brandes 方法所需的运行时间。这是因为当社团内部结构变化时，Brandes 方法的介数更新需要依据全局信息全部重新计算，而本章的介数中心性分解方法仅需要局部更新，大大缩短了介数中心性计算的运行时间。

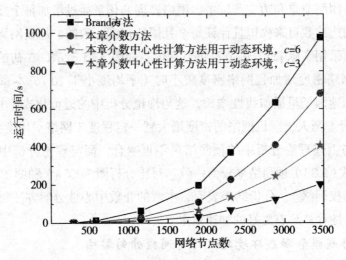

（a）网络规模与运行时间的关系

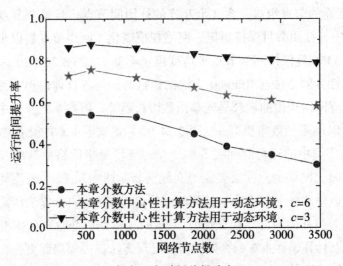

（b）运行时间的提升率

图3.24　网络规模和动态环境对介数计算效率的影响

4. 介数中心性分解方法的并行运行效果

并行计算测试实验系统是由 6 台计算机 [包括 5 台计算机（CPU）和 1 台服务器（server）] 组成的，并通过 1 台使用 TCP/IP 通信协议的交换机组成局域网络。如图 3.25 所示，在 5 个测试的人工随机网络中，每个网络由 20 个社团子网组成，每个社团子网都具有相同数量的顶点和 3 个互连的社团间节点和边，每个网络的平均度数为 20，图中括号里的数字代表网络规模。每个计算机的并行计算任务分配见表 3.3。计算机（CPU）的内部任务是指计算服务器分配的 5 个社团内部节点及边的介数中心性计算任务，其外部任务是指计算机已分配的社团与其他社团（$C_i \leftrightarrow C_j$）节点及边介数的计算任务；服务器的主要任务是计算层级子网的介数中心性，并指派任务给其他计算机，最后更新整个网络的介数。图 3.25 是并行计算的测试结果，测试结果表明：本章的介数中心性分解方法可以通过并行计算进一步加速介数中心性计算；且随着网络规模的增大加速性能更加突出，这是因为网络规模较大时，基本通信和先前的预处理时间相对总计算时间成本占比较小（计算机的相对利用率更高）。

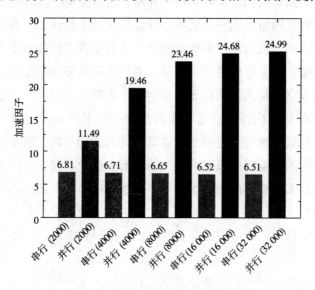

图 3.25　介数并行计算的加速因子

表 3.3　介数并行计算的任务分配

任务	CPU_1	CPU_2	CPU_3	CPU_4	CPU_5	server
内部	C_1, C_2, C_3, C_4	C_5, C_6, C_7, C_8	$C_9, C_{10}, C_{11}, C_{12}$	$C_{13}, C_{14}, C_{15}, C_{16}$	$C_{17}, C_{18}, C_{19}, C_{20}$	HSN
外部	$Ci \leftrightarrow Cj$ ($i=1,2,3,4$) ($j=5,6,\cdots,12$)	$Ci \leftrightarrow Cj$ ($i=5,6,7,8$) ($j=9,10,\cdots,16$)	$Ci \leftrightarrow Cj$ ($i=9,10,11,12$) ($j=13,14,\cdots,20$)	$Ci \leftrightarrow Cj$ ($i=13,14,15,16$) ($j=7,18,\cdots,4$)	$Ci \leftrightarrow Cj$ ($i=17,18,19,20$) ($j=1,2,\cdots,8$)	更新介数

3.4　本章小结

本章分析了实际电网的拓扑结构特性，特别是其社团化与层次化拓扑特征；并以此为基础，提出一种电网介数社团化与层次化快速分解计算方法，用于电网关键节点及边的快速辨识；以甘肃省电网、青海省电网、河南省电网和湖南省电网作为测试实例对实际电网拓扑特征进行分析，以甘肃省电网、河南省电网及人工随机网络为例对介数中心性计算进行实验测试，得出以下结论。

（1）实际电网是较为均匀的稀疏网络，具有小世界特性但平均最短路径略大于小世界网络，其无标度特性不明显，表现为其度分布位于幂律分布与指数分布之间，其节点度相关性类似于社会网络，表现为正向匹配。实际电网具有显著的社团化与层次化特性且其社团间及层－核子网间表现出一定程度的自相似特性；其较低层次的子电网中节点具有较大的簇系数，较小的节点度和介数，而较高层次的子电网中节点有较大的度值和介数、较小的簇系数；任意层级子网节点从其上一级子网和同级电源节点获取电力能源的最短路径长度很小（平均值为 1.41）。

（2）提出一种电力网络关键节点及边的快速辨识方法，即电力网络介数中心性分解计算方法，该方法利用社团及层级子网结构的局部信息对电力网络节点及边介数进行全局性计算，能显著加速具有社团化与层次化特性的电力网络节点及边介数的计算（计算复杂度能从 $O(nm)$ 降低到 $O(n^2)$）；理论分析、解析证明及测试结果表明该介数中心性分解计算方法是严格有效的，且能扩展应用于任何具有社区结构的其他网络并与采用何种社团划分算法获得网络的社团拓扑无关；此外，该介数中心性分解计算方法能应用于并行计算与动态在线计算领域且计算复杂度可进一步降低。

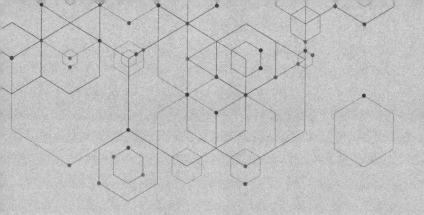

第 4 章　针对恶意攻击的电力网络拓扑弹性优化方法

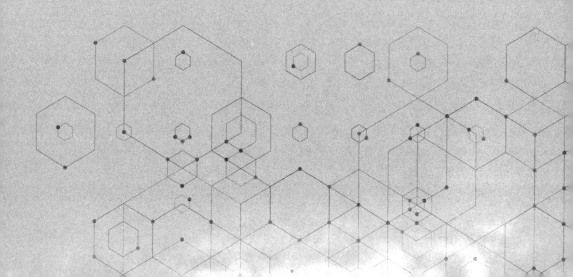

4.1　引言

电力网络的拓扑弹性表征了电力网络的拓扑结构强度，反映了电力网络应对干扰的免疫能力，表现为电网系统受干扰前的准备和预防。电力网络拓扑弹性优化问题主要通过搜寻并加入一组最优的边集来改善电力网络拓扑结构，以最小代价从拓扑源头缓解连锁故障的扩散传播（防止大面积解列），最大限度地降低未来扰动可能造成的影响，达到抵御恶意攻击与有效应对突发事件的目的。电力网络在应对随机扰动方面表现出较强的弹性性能，而面对恶意攻击却表现出极端的脆弱性 [210]，故电力网络拓扑弹性优化方面的研究主要集中于增强电力网络拓扑弹性以抵御恶意攻击。尽管已有许多提升拓扑弹性的启发式方法 [27,28, 116~121, 126~128, 133~139, 213, 214]，但这些方法均不能在理论上有所突破使拓扑弹性最大化。

本章基于前述章节的弹性量化表征与度量方法以及拓扑结构特性分析，研究恶意攻击下的电力网络拓扑弹性提升最大化问题，具体如下：首先，依据复杂网络理论并基于恶意攻击下的电力网络解列崩溃机理，构建电力网络拓扑弹性理论优化模型；其次，以此为基础，通过理论分析和论证框定最大化拓扑弹性的途径；然后，提出一种基于后验性的加边（posteriorly adding，PA）的拓扑弹性优化算法，实现电力网络拓扑弹性最大化提升，以缓解恶意攻击的影响；最后，以现实电力网络和人工随机网络为例进行测试，仿真验证本章拓扑弹性优化方法的高效性及对原始网络拓扑功能的影响。算例研究表明，在保证电力网络拓扑功能不受影响的情况下，提出的拓扑弹性优化方法可以最大化电力网络的拓扑弹性，达到抵御恶意攻击的目的。本章拓扑弹性优化方案还有助于揭示一些隐性网络组件的功能，这些隐藏的功能反过来还可用于指导其他基础设施弹性系统的设计，并提供自我修复力以恢复失效的基础设施系统。

4.2 电力网络拓扑弹性优化方法

从前述章节的电力网络拓扑结构分析可知，实际电网具有显著的社团（簇）化与层次化特征，高层级的子电网桥接各社团子网，平衡各社团子网间的能量供应。电力网络的社团化与层次化的拓扑结构特征决定了电力网络在应对随机扰动方面具有较强的弹性性能，而面对恶意攻击表现出极端的脆弱性（弱弹性）[120]。这是因为，恶意攻击的对象是电力网络中的关键节点或边（包括电力网络中的高层次子网节点或边及社团子网中的核心节点），当电力网络中的这些关键节点或边因恶意攻击失效时，电力网络将迅速解列为许多孤立的社团子网，除包含平衡节点最大的子网能正常维持其系统功能外，其他孤立社团子网因缺乏平衡节点而整体失效，进而导致电力网络崩塌式地失效，造成大面积停电事故。反之，如果采取有效优化策略改善电力网络的拓扑结构，使之能有效地减缓甚至避免这些孤立社团的出现，电力网络面对恶意攻击的拓扑弹性将获得极大提升。本节首先建立针对恶意攻击的拓扑弹性优化理论模型，框定最大化拓扑弹性的途径；然后在此基础上，提出了一种后验性的加边拓扑弹性优化算法。

4.2.1 拓扑弹性优化理论模型

（1）拓扑弹性优化理论模型的定义。定义电力网络 $G = (V, E)$，其中 V，E 分别为电力网络的节点集与边集，且 $|V| = N$，$|E| = M$ 分别表示其总节点数及总边数，$n \in V$，$m \in E$ 表示节点与边的编号。根据第 2 章的电力网络弹性量化表征与度量方法，定义电力网络拓扑弹性为其在外力（扰动或攻击）作用下吸收能量并发生形变，当外力撤消后网络能恢复到原来大小和形状的性质。对于以扰动或攻击节点比例（失效且删除）的，q 代表外部作用力（应力）；对于以因攻击造成的整个网络损失的节点比例，$1-G(q)$ 代表网络弹性形变（应变），其中 $G(q)$ 为网络中的极大连接簇（简称极大簇）的节点比例，代表网络系统功能 [113, 118, 204]。

接下来，对恶意攻击下的电力网络解列崩塌过程进行数学表述。假设电力网络受到恶意攻击，一定比例的重要节点 q 目的性地逐渐移除，造成网络分解为许多有限孤立的簇，当攻击（移除）的关键节点数目达到临界态时，即 $q=q_c$，则整个网络将结构性地崩溃，不再存在极大连接簇（失稳状态），即 $G(q_c) = 0$。设向量 $C = (C_1, \cdots, C_k, \cdots, C_K)$ 表示有限孤立簇，其归一化的规模大小为 $s_1, \cdots, s_k, \cdots, s_K (s_1 > \cdots > s_k > \cdots > s_K)$，其中，$k$ 是按规模大小排序的有限孤立簇的序列号，K 为整个网络中有限孤立簇的数量，且这些有限孤立簇规模大小与出现的序列（s_i, q_i）以及临界阈值（q_c）均在恶意攻击的过程中被保存。如果将每个有限孤立簇视为一个子网，则类似于复杂网络中临界极大簇的定义，可将有限孤立簇中的临界极大簇定义为临界有限孤立簇（本章中又称"弱核"）。例如，在图 4.1 中，一个原始的 Zachary 网络 [215][见图 4.1（a）] 被自适应地依次移除度最大的关键节点（v_{34}，v_1，v_3，v_{33} 和 v_2）（一种被称为高度自适应的恶意攻击模式 [113]）后网络崩溃；如图 4.1（b）所示，Zachary 网络分解为许多除孤立节点外的有限孤立簇(C_1，C_2 和 C_3)及临界极大簇($C_{c,c}$)；如图 4.1（c）所示，$C_{1,c}$，$C_{2,c}$ 和 $C_{3,c}$ 分别是(C_1，C_2 和 C_3)同样遭受 HDA 恶意攻击后得到的临界有限孤立簇（弱核）。

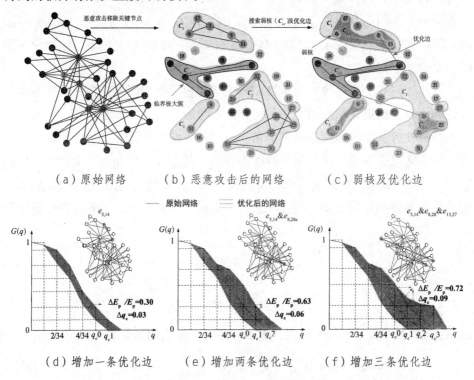

| （a）原始网络 | （b）恶意攻击后的网络 | （c）弱核及优化边 |

| （d）增加一条优化边 | （e）增加两条优化边 | （f）增加三条优化边 |

图 4.1　恶意攻击下的弹性优化模型及优化后的拓扑弹性提升示意图

利用反向思维，假设能在弱核与临界极大簇间找到并添加一条边使得这个有限孤立簇缓解甚至避免出现致整个网络崩塌（$G(q_c) = 0$），则网络拓扑弹性将获得极大提升；图 4.1（d）、图 4.1（e）、图 4.1（f）是一个简单的实例，其分别展示了增加一条、两条及三条优化边（$e_{5,14}$、$e_{8,28}$、$e_{13,27}$）后的网络拓扑弹性及临界阈值增加情况，图中 $\Delta q_c = q_{cI} - q_c$，$q_{cI}$ 为加边调整网络的临界外力（应力）阈值（简称临界阈值）。因此，解决恶意攻击下的电力网络拓扑弹性提升最大化问题的实质就是基于电力网络拓扑弹性量化表征与度量方法，搜索并添加一组最优边集使得电力网络的总弹性势能提升量最大。

（2）拓扑弹性最大化途径框定的理论分析与论证。

为更好地简化描述，首先仅考虑搜索并增加一条优化边（e_{ij}，其中 $i, j \in V$，为边 e_{ij} 两端的节点）情境下的网络拓扑弹性（弹性势能）最大化问题，有关优化边集的获取将在本节后续部分陈述。由图 4.1 可知，增加的这条优化边（e_{ij}）两端的节点的位置不外乎以下四种情境：①位于一个非孤立节点的有限孤立簇 C_k（$i, j \in C_k$，$s_k > 2/N$）内；②位于临界极大连接簇 $C_{c,c}$（$i, j \in C_{c,c}$）内；③位于两个不同的有限孤立簇 C_a，C_b（$i \in C_a, j \in C_b, s_a > s_b$，$s_a$ 和 s_b 分别为有限孤立簇 C_a 和 C_b 的规模大小）之间；④位于有限孤立簇 C_a（$i \in C_a$）与临界极大簇 $C_{c,c}$（$j \in C_{c,c}$）之间。

下面分别对上述四种情境下增加一条优化边后电力网络拓扑弹性提升进行讨论和比较。由第 2 章中的电力网络弹性量化表征与度量方法可知，电力网络的拓扑弹性可从能量角度采用网络拓扑总弹性势能（或余能）进行度量，由此，增加一条优化边后电力网络拓扑弹性提升可由其总弹性势能增量来量测。依据总弹性势能（或余能）定义式（2.8）[或式（2.9）]，不妨定义原始电力网络（G_O）的总弹性势能和通过增加一条优化边改进后的电力网络（G_I）的总弹性势能分别为

$$E_{O,p}^{\text{total}} = \int_0^{q_c} G_O(q)\mathrm{d}q \tag{4.1}$$

$$E_{I,p}^{\text{total}} = \int_0^{q_{cI}} G_I(q)\mathrm{d}q \tag{4.2}$$

则由式（4.1）和式（4.2）可得，增加一条边后电力网络总弹性势能增量为

$$\Delta E_p = E_{I,p}^{\text{total}} - E_{O,p}^{\text{total}} = \int_0^{q_{cI}} G_I(q)\mathrm{d}q - \int_0^{q_c} G_O(q)\mathrm{d}q \tag{4.3}$$

式中：$G_O(q)$ 和 $G_I(q)$ 分别为添加优化边（e_{ij}）前后恶意攻击下的极大连接簇，

$\Delta E_p \in [0, 0.5)$。需要注意的是，上述③和④种情况中优化边（e_{ij}）的端节点的选取应为弱核内或临界极大簇中影响最小的节点，以避免恶意攻击。

在一个非孤立节点的有限孤立簇内增加一条优化边（情境①）并不会抑制该有效孤立簇的出现及缓解临界极大簇的出现（$q_c = q_{c1}$）；如果有限孤立簇在孤立前含有恶意攻击的目标关键节点，其也只会最大可能缓解一个时间序列出现，即 $q_a - q_1 = q_b - q_3 = \mathrm{d}q[= 1/N（离散数值处理）]$，其中 q_a，q_b，q_1，q_3 分别为恶意攻击的节点比例（应力），则有 $G_1(q) \approx G_O(q)$，如图 4.2（a）所示。同理，对情境②亦如此。因此，由式（4.3）可得在情境①和②中电力网络的弹性势能的增加量为

$$\Delta E_p^{①} = \Delta E_p^{②} = \int_0^{q_c} [G_1(q) - G_O(q)]\mathrm{d}q \approx 0 \tag{4.4}$$

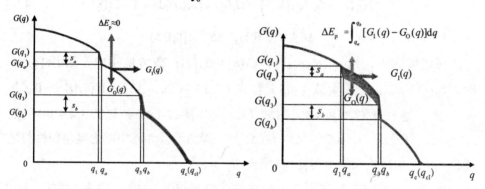

（a）情境①和②中增加优化边　（b）情境③中增加优化边

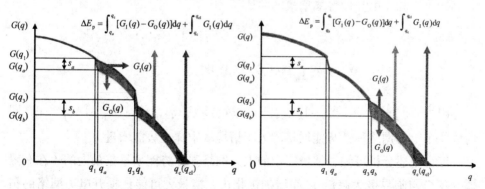

（c）情境④中增加优化边（弱核 $C_{a,c}$）　（d）情境④中增加优化边（弱核 $C_{b,c}$）

图 4.2　四种情境下增加一条优化边后的网络拓扑弹性提升比较

在情境③中，如图 4.2（b）所示，设当恶意攻击到 q_a 和 q_b（$q_a < q_b$）比例部分关键节点时，有限簇 C_a 和 C_b 分别孤立失效，其中，设 $C_{a,c}$ 和 $C_{b,c}$ 分别是有

限孤立簇 C_a 和 C_b 中的临界有限孤立簇（弱核），则当在 $C_{a,c}$ 与 $C_{b,c}$ 间增加一条边后，有限簇 C_a 的孤立失效将被缓解直到 C_b 孤立失效（当 $q \in [0,q_a] \cup [q_b,q_c]$ 时，有 $G_I(q) = G_O(q)$），且也不会缓解临界极大簇的出现（有 $q_c = q_{cI}$）。因此由式（4.3）可得情境③中弹性势能增量：

$$\Delta E_{\mathrm{p}}^{③} = \int_{q=0}^{q=1}[G_I(q) - G_O(q)]\mathrm{d}q = \int_{q_a}^{q_b}[G_I(q) - G_O(q)]\mathrm{d}q \qquad (4.5)$$

在情境④中，如图 4.2（c）所示，当在有限簇 C_a 中的 $C_{a,c}$ 与临界极大簇 $C_{c,c}$ 间增加一条边后，有限簇 C_a 的孤立失效将被缓解直到临界极大簇失效（当 $q \in [0,q_a]$ 时，有 $G_I(q) = G_O(q)$），且临界极大簇将会缓解失效（有 $q_{cI} > q_c$），则由式（4.3）可得在情境④中弹性势能增量为

$$\Delta E_{\mathrm{p}}^{④} = \int_{q=0}^{q=1}[G_I(q) - G_O(q)]\mathrm{d}q = \int_{q_a}^{q_c}[G_I(q) - G_O(q)]\mathrm{d}q + \int_{q_c}^{q_{cI}}G_I(q) \qquad (4.6)$$

式（4.5）和式（4.6）中：$\Delta E_{\mathrm{p}}^{③} \in [0,0.5]$，$\Delta E_{\mathrm{p}}^{④} \in [0,0.5]$。

在情境③中，当 $q \in [q_a,q_b]$ 时，$G_I(q) > G_O(q)$；在情境④中，当 $q \in [q_a,q_c]$ 时，$G_I(q) > G_O(q)$。故由式（4.5）和式（4.6）可知，$\Delta E_{\mathrm{p}}^{③} > 0$ 和 $\Delta E_{\mathrm{p}}^{④} > 0$。进一步地，通过比较式（4.5）与式（4.4）以及式（4.6）与式（4.4）可知，$\Delta E_{\mathrm{p}}^{③} > \Delta E_{\mathrm{p}}^{①}$（或 $\Delta E_{\mathrm{p}}^{②}$），$\Delta E_{\mathrm{p}}^{④} > \Delta E_{\mathrm{p}}^{①}$（或 $\Delta E_{\mathrm{p}}^{②}$），即情境③和④中电力网络弹性势能增量均大于情境①和②中的弹性势能增量。

接着比较情境③和④中电力网络弹性势能增量。由式（4.5）式（4.6）可得情境③和④中弹性势能增量的差值：

$$\begin{aligned}\Delta E_{\mathrm{p}}^{④} - \Delta E_{\mathrm{p}}^{③} &= \int_{q_a}^{q_c}[G_I(q) - G_O(q)]\mathrm{d}q + \int_{q_c}^{q_{cI}}G_I(q) - \int_{q_a}^{q_b}[G_I(q) - G_O(q)]\mathrm{d}q \\ &= \int_{q_c}^{q_{cI}}G_I(q)\mathrm{d}q + \int_{q_b}^{q_c}[G_I(q) - G_O(q)]\mathrm{d}q\end{aligned} \qquad (4.7)$$

因为，$q_{cI} > q_c$，且当 $q \in [q_c,q_b]$ 时，$G_I(q) > G_O(q)$，故有 $\Delta E_{\mathrm{p}}^{④} - \Delta E_{\mathrm{p}}^{③} > 0$，即情境④中电力网络弹性势能增量均大于情境③中弹性势能增量。

综合上述分析可知，情境④中的电力网络弹性势能增量是最大的（在有限孤立簇 C_a 与临界极大簇 $C_{c,c}$ 之间增加优化边，能最大可能地提升电力网络的拓扑弹性）。进一步地，从式（4.6）及比较图 4.2（c）和图 4.2（d）可知，场景④中的网络弹性势能增量取决于有限孤立簇规模的大小（s_a，s_b）及失效序列（q_a，q_b）两个因素，即与临界极大簇相连的有效孤立簇具有更大规模尺度和更小的失效序列带来的更大弹性势能增量。至止，已通过理论推导和论证框

定了最大化拓扑弹性的途径；接下来，介绍本节拓扑弹性优化理论的具体实现算法。

4.2.2　拓扑弹性优化算法

上述拓扑弹性优化理论框架表明，最优的一条边必定位于有限孤立簇与临界极大连接簇之间，且与有效孤立簇的规模尺度及失效（孤立）序列有关。由此，通过式（4.6）计算并比较在每个有限孤立簇与临界极大连接簇之间增加边后的网络弹性势能增量值，可得到弹性势能增量序列集 $\Delta E=\{\Delta E_{\mathrm{p}}^{1,c},\cdots,\Delta E_{\mathrm{p}}^{k,c},\cdots,\Delta E_{\mathrm{p}}^{K,c}\}$，其中 $\Delta E_{\mathrm{p}}^{1,c}>\cdots>\Delta E_{\mathrm{p}}^{k,c}>\cdots>\Delta E_{\mathrm{p}}^{K,c}$。相应地，可得最优边序列集 $e=\{e_{i,j}^{1},\cdots,e_{i,j}^{k},\cdots,e_{i,j}^{K}\}$，其中 $i\in\boldsymbol{C}_{k}$，$j\in\boldsymbol{C}_{c,c}$（或 $\boldsymbol{C'}_{c,c}$，优化改进后网络的临界极大簇）。无疑，最优边集 e 中第一个元素即最优边；如果这条最优的边被添加进原始网络，将最大限度地提升网络弹性势能；不断重复上述步骤，将得到最优边集；如果增加的优化边数达到预设值或网络弹性增量达到预设值，算法进程终止。不断地在最优边集中添加新的边，网络拓扑弹性自然获得最大化的提升。因为该拓扑弹性优化算法是通过先攻击网络致其失效，再查找并添加边改进网络拓扑结构进而最大化提升网络拓扑弹性的，所以拓扑弹性优化算法也称为后验性拓扑弹性优化算法（简称 PA 算法）。图 4.3 是 PA 算法流程图。

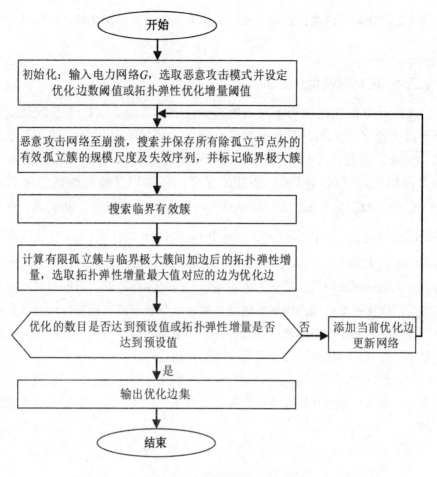

图 4.3 拓扑弹性优化算法流程图

具体步骤如下。

（1）初始化：对一个给定的电力网络 G，选取一种恶意攻击模式并设置优化边的数目或拓扑弹性优化增量阈值。

（2）采用选定的恶意攻击模式攻击网络至网络崩塌，搜索并保存所有除孤立节点外的有效孤立簇的规模尺度及其失效序列，并标记临界极大簇。

（3）搜索（2）中有效孤立簇的临界有效簇（弱核）。

（4）通过式（4.6）计算所有具有一定规模且失效序列较小的有限孤立簇与临界极大簇间增加边后的拓扑弹性增量，并选取拓扑弹性增量最大值对应的边为优化边。

（5）判断优化的数目是否达到预设值或拓扑弹性增量是否达到预设值，是则输出优化边集并转到（7）；否则，进入下一步。

（6）添加当前优化边更新网络，之后转到（2）。

（7）输出优化边集。

（8）结束。

拓扑弹性优化算法的计算复杂度为 $O(2\alpha K(M+N)\lg(M+N))$，其中，$M$ 为网络的边总数，$\alpha(\alpha \ll N)$ 为预设的优化的边的数目，$K(K \ll M)$ 为当次崩塌网络中具有一定规模有限孤立簇的数目。通常情况下，K 值很小，因为崩塌网络中有限孤立簇的大小分别呈幂律分布 [204]。这种具有高度可扩展性的网络弹性优化算法有利于快速找到最优的边集以最大化网络弹性，特别是针对大规模电力网络。

4.3　算例仿真与分析

4.3.1　拓扑弹性优化性能

以甘肃省电网（Gansu，GS）[205] 与河南省电网（Henan，HN）[206] 为例，测试 PA 拓扑弹性提升方法的有效性及效果；除此之外，为测试 PA 拓扑弹性提升方法的通用性，Zachary 网络 [215]、随机网络（Erdös–Rényi，ER）和无标度（scale-free，SF）也用作测试网络。图 4.1（d）、图 4.1（e）、图 4.1（f）验证了拓扑弹性优化方法（PA 算法）对简单的 Zachary 网络拓扑弹性提升的有效性。图 4.1（d）、图 4.1（e）、图 4.1（f）测试结果表明，在分别添加一条、两条和三条优化边的情况下，Zachary 网络抵御恶意高度自适应攻击的拓扑弹性（弹性总势能）分别增加了 30%，63% 和 72%。图 4.4（a）、图 4.4（b）、图 4.4（c）、图 4.4（d）分别展示了通过 PA 拓扑弹性提升方法优化后的甘肃省电网、河南省电网、ER 网络和 SF 网络的拓扑结构，其中，甘肃省电网的总节点数为 1569，总边数为 2163；河南省电网的总节点数为 310，总边数为 466；ER 网络的总节点数为 2000，总边数为 16000；SF 网络的总节点数为 2000，总边数为 4000。在所有的测试网络中，添加的优化边比例为原始网络边数的 3.5%。以图 4.4（c）为例，拓扑优化前，如果恶意攻击节点度大的关键节点 v_1 和 v_2，原始网络将解列出两个有限孤立簇（C_1，C_2），造成大面积网络故障。如果对原始网络通过增加优化边进行拓扑改进，在相同的恶意攻击下，有限孤立簇(C_1, C_2)将不再出现。这个算例同时也解释了 PA 拓扑弹性优化方法可以极大地提升网络弹性的原因。网络化的微电网可以增强电力系统的弹性能力是另一个佐证的实际例子 [213]。

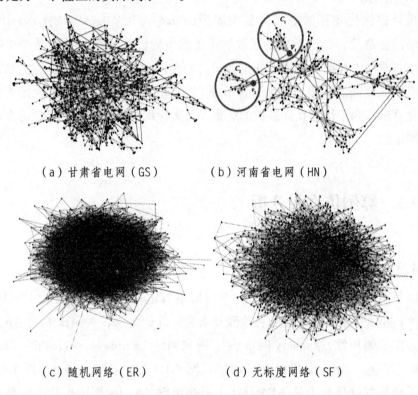

（a）甘肃省电网（GS）　　　　（b）河南省电网（HN）

（c）随机网络（ER）　　　　（d）无标度网络（SF）

图 4.4　拓扑弹性优化后的网络拓扑结构

图 4.5 显示了采用 PA 拓扑弹性提升方法改进后的甘肃省电网（GS）、河南省电网（HN）、ER 网络及 SF 网络对 HDA 恶意攻击的缓解程度。图 4.5 中的虚线对应原始网络在攻击过程中的极大连接簇（网络系统功能有效的子网），实线对应通过 PA 拓扑弹性提升方法增加一定数量边优化后的网络在攻击过程中的极大连接簇，其中，对 ER 网络、SF 网络、GS 网络和 HN 网络优化的边的数目分别为从 20 到 180、从 20 到 180、从 2 到 32 和从 1 到 16。灰色区域代表优化网络在恶意攻击下的拓扑弹性增量（增加的总弹性势能）。如图 4.6 所示，增加 $w=4.5\%$ 的比例边拓扑优化后，ER 网络、SF 网络、甘肃省电网和河南省电网在 HDA 攻击模式下的弹性分别提升了 12%，44%，187% 和 740%。

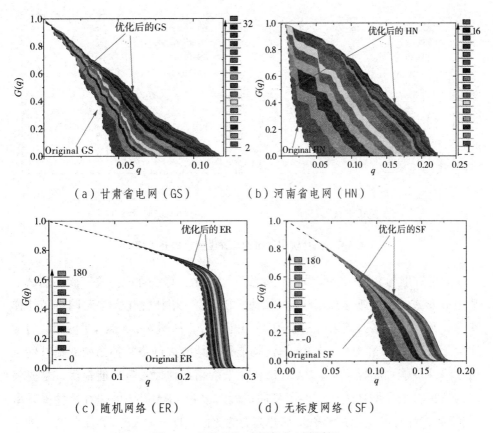

（a）甘肃省电网（GS）　　　（b）河南省电网（HN）

（c）随机网络（ER）　　　（d）无标度网络（SF）

图 4.5　拓扑优化对恶意攻击的缓解

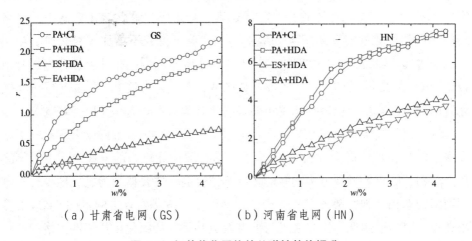

（a）甘肃省电网（GS）　　　（b）河南省电网（HN）

图 4.6　拓扑优化网络的总弹性势能提升

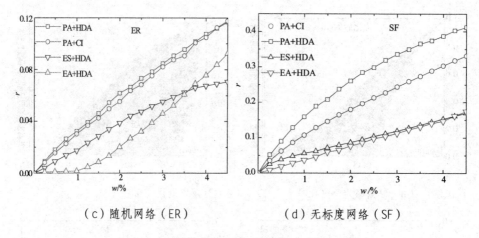

（c）随机网络（ER）　　　　　　（d）无标度网络（SF）

图 4.6　拓扑优化网络的总弹性势能提升（续）

为更好地与其他拓扑弹性优化算法进行对比，算法性能仿真实验还测试了基于启发式的边交换（ES）[133] 及加边（EA）[137] 拓扑优化方法对网络拓扑弹性的提升性能，测试结果显示于图 4.6 和图 4.7。从图 4.6 和图 4.7 可知，启发式优化方法（ES 和 EA）及 PA 算法均能很好地改进网络拓扑结构并提升网络拓扑弹性性能；相比之下，PA 算法优化下的拓扑弹性提升性能最优，主要表现为三种算法在增加（或交换）相同比例的边后，PA 算法的拓扑弹性提升率（定义为弹性势能增加量与原总弹性势能的比值，即 $r = \Delta E_p / E_p$）最大。进一步地，为比较不同恶意攻击模式下的网络拓扑弹性提升性能，除采用高度自适应攻击模式外，本节还测试了采集群影响力（CI）[118] 恶意攻击模式下的网络拓扑弹性的优化性能。如图 4.6 所示，在 CI 攻击模式下增加（或交换）4.5%比例的边后，ER 网络、SF 网络、甘肃省和河南省电网的拓扑弹性分别提升了12%，36%，223% 和 762%。此外，如图 4.7 所示，通过 PA 算法进行拓扑优化后的网络的临界阈值增加比率也明显高于其他启发式方法（ES 和 EA）。

从上述仿真实验测试结果（图 4.4、图 4.5 和图 4.6）可得以下结论：①本章提出的拓扑弹性提升方法（PA 算法）通过增加优化边的方式改善电力网络拓扑结构，能有效增强电力网络的拓扑弹性性能，主要体现为极大地提升了电力网络的总拓扑弹性势能和临界阈值，达到了缓解恶意攻击的目的；②PA 算法具备一定的通用性，主要表现为能有效提升具有社团化拓扑特性网络的拓扑弹性性能，且社团化结构越明显，拓扑弹性提升效果越好；③相比其他启发式拓扑优化方法（ES [133] 与 EA [137]），PA 算法能获得更好的拓扑弹性优化性能。

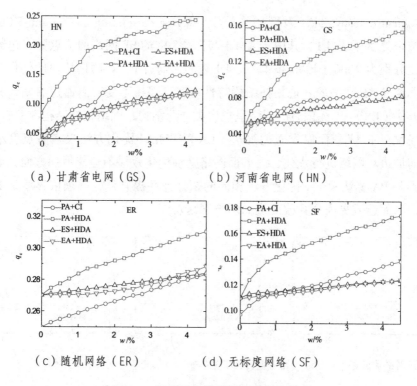

（a）甘肃省电网（GS）　　　（b）河南省电网（HN）

（c）随机网络（ER）　　　　（d）无标度网络（SF）

图 4.7　拓扑优化网络的临界阈值提升

4.3.2　拓扑弹性优化后的网络系统功能

　　网络系统功能通常可由网络拓扑结构特性来表征，对网络进行拓扑弹性优化时，保持原有网络的功能不变至关重要。在测试拓扑弹性优化后，本节将测试优化后的电力网络功能变化情况。为保证测试的通用性，本次实验除了测试甘肃省电网（GS）和河南省电网（HN）之外，还测试了 SF 网络功能改变情况（因为 SF 网络的异构性与电力网络较为相似），测试结果显示于图 4.8 和表 4.1。图 4.8 中横坐标 w 为增加的优化边的比例，$w = 0$ 表示原始网络（优化前的网络），$w > 0$ 表示优化后的网络。图 4.8 的测试结果表明当分别增加 2.5% 和 4% 比例的优化边对 SF 网络、甘肃省电网（GS）和河南省电网（HN）进行拓扑弹性优化后，这三个网络的累积度分布（$p(k)$）、最短路径分布（$p(d)$）及节点和边介数分布（$p(b)$）基本保持原有特性不变。除此之外，本次实验还测试了这三个网络的其他拓扑特征参数变化情况，包括簇系数（cluster coefficient, CC）、网络直径（network diameter, ND）、网络平均路径长度（$\langle L \rangle$）、拓扑熵

（topological entropy, TE）及度相关系数（degree correlation coefficient, DCC）。测试结果显示于表 4.1，其中，表 4.1 与图 4.8 中的 SF 网络的节点数、边数及平均度分别为 2000，4000 和 4。表 4.1 表明，通过 PA 算法拓扑弹性优化后的电力网络及 SF 网络的其他拓扑结构特性也基本保持不变。而通过启发式的边交换方法（ES）[133] 优化后的网络呈现出类洋葱结构，网络拓扑结构改变较大，具体见文献 [133]。而启发式的加边（EA）[137] 拓扑优化方法仅在节点度小的节点间加边对网络进行优化，一方面网络弹性优化效果不佳，另一方面，如果要达到与 PA 算法及 EA 优化方法相同的拓扑弹性提升量，必须依靠增加更多的边，因而造成更大拓扑改变进而影响网络功能。

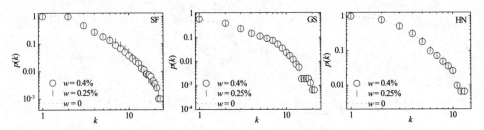

（a）SF 网络累积度分布 （b）甘肃省电网累积度分布 （c）河南省电网累积度分布

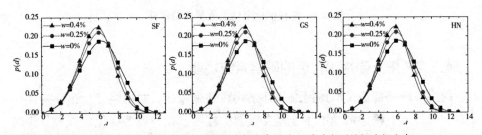

（d）SF 网络最短路径分布 （e）甘肃省电网最短路径分布 （f）河南省电网最短路径分布

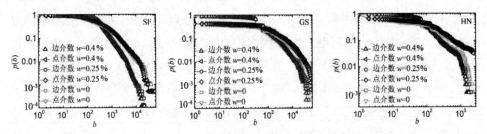

（g）SF 网络介数分布 （h）甘肃省电网介数分布 （i）河南省电网介数分布

图 4.8　网络拓扑弹性优化前后的累积度、最短路径及介数分布

综上所述，针对恶意攻击，相比其他启发式拓扑弹性优化方法（ES[133] 及

EA[137]），本章提出的 PA 拓扑弹性提升方法能最大化提升网络拓扑弹性，即在网络拓扑弹性提升量相同的情况下 PA 方法增加的边的数目最少，因此优化后的网络拓扑功能改变最小，能更好地维持其原有拓扑功能特性不变。

表 4.1　网络拓扑弹性优化前后的拓扑结构特征参数

网络	w/%	C	ND	$\langle L \rangle$	TE	DCC
GS	0	0.190 319	25	9.932.539	0.889 85	2.678 629
	0.25	0.186 153	20	8.529 675	0.890 419	2.553 63
	0.4	0.182 19	18	7.170 67	0.891 76	2.589 768
HN	0	0.158 773	13	6.171 417	0.903 649	1.650 535
	0.25	0.149 741	13	5.833 824	0.906 066	1.595 849
	0.4	0.232 038	13	4.728 778	0.826 045	1.740 009
SF	0	0.024 207	8	4.164 414	0.849 916	−0.468 05
	0.25	0.023 814	8	4.153 477	0.847 66	−0.465 701
	0.4	0.025 847	7	4.067 881	0.847 66	−0.479 959

4.4　本章小结

恶意攻击和相应的防御始终是电力网络安全的两个对立面。为了增强电力网络弹性以提升抵御恶意攻击的能力，基于前述章节提出的拓扑弹性量化表征与度量方法，提出一种后验性拓扑弹性优化方法，最大化提升恶意攻击下的电力网络的拓扑弹性。首先，依据复杂网络理论并基于恶意攻击下的电力网络解列崩溃机理，构建电力网络拓扑弹性理论优化模型；其次，以此为基础，通过理论分析和论证框定最大化提升拓扑弹性的途径；然后，提出一种后验性的加边拓扑弹性优化算法（PA 算法），实现电力网络拓扑弹性最大化提升，以缓解恶意攻击的影响；最后，采用两个实际电力网络（甘肃省电网和河南省电网）及两个人工随机网络 [随机网络（ER）和无标度网络（SF）对拓扑弹性优化方法进行算例仿真分析，算例研究表明相比传统的拓扑弹性提升方法（ES方法和 EA 方法 [133, 137]），本章拓扑弹性优化方法能最大限度地提升电力网络及随机网络的拓扑弹性性能且能更好地维持其原有网络拓扑功能不变。

　　当优化边的增加达到一定比例后，网络拓扑弹性提升变得缓慢，特别是对于实际网络，因为恶意攻击产生的有限孤立簇的规模及数量变得越来越小。因此，有必要平衡最大拓扑弹性提升与网络的弹性优化成本，以便找到最佳折中方案。此外，本章所提出的拓扑弹性优化理论和方法是严格有效的，可应用于其他具有社团化拓扑结构的网络。本章提出的最优拓扑弹性问题解决方案可用于增强电力网络的拓扑弹性，指导弹性系统的设计，提供快速有效的方法来缓解恶意攻击造成的影响，还可为失效的基础设施系统提供自我修复和重构恢复的解决方案。

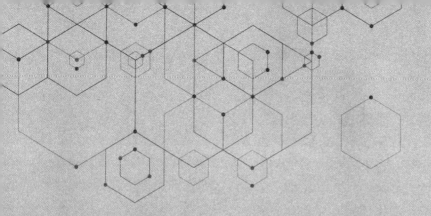

第 5 章　基于对等式网络保护的电力网络吸收弹性提升方法

5.1　引言

电力网络系统弹性是指电力网络（物理系统）借助弹性控制系统（信息系统）应对扰动的吸收能力、自适应响应扰动并从扰动中恢复的能力，与时间强相关。吸收弹性是系统弹性的重要组成部分，是指系统自动吸收扰动并将其影响降至最低，可用吸收缓解时间阶段内弹性余能来表征与度量。电力网络吸收弹性在信息 – 物理系统（CPS）中通常表现为系统保护（故障定位、隔离）、故障限流、电压与频率稳定等控制作用。本章侧重于从网络主保护及其后备保护方面研究电力网络（特别是配电网）的吸收弹性提升问题。

分布式发电（DG）、微电网、主动配电网和柔性输电等新技术增加了故障发生的概率及故障范围扩大的可能性；另外，传统的就地保护和广域保护不能很好地适应这种变化。这些因素影响了电力网络吸收弹性的性能。针对上述问题，本章提出一种基于对等式网络保护的电力网络吸收弹性提升方法，其集主保护与后备保护于一体，具有快速可靠的特点，旨在提升电力网络（配电网）的吸收弹性性能。该方法依据系统弹性量化表征与度量方法，能有效提升配电网吸收弹性性能，主要体现为：使用电流差动保护原理实现电气故障的快速后备定位与隔离（快速性），能将故障隔离范围限制在主保护的上一级断路器范围内（同样的外力作用下的弹性应变最小）。

本章的主要研究内容及创新点包括：①基于电流差动保护思想定义主差动域及其后备差动域，并提出通过调整启动电流阈值躲过负荷电流的故障定位方法；②提出一种设备 [电流互感器（current transformers，CTs]，通信、断路器及智能电气设备（intelligent electronic devices，IEDs ）) 故障探测算法，旨在预测设备故障相关的主保护状况；③提出基于设备故障探测一体化的差动后备保护策略，其主要思路是在正常操作阶段基于设备故障检测方法闭锁设备故障相关的主保护，故障后立即启动后备保护加速故障隔离并最小化故障隔离范围，达到最大化电力网络吸收弹性的目的；④采用动模测试平台以及实时数字仿真系统（real time digital simulator，RTDS）验证系统吸收弹性提升方法的有效性及工程实用性。

5.2　通信与控制架构

对等式网络保护的通信架构如图 5.1（a）所示，是一个由工业交换机组成的以太光纤自愈双环网。以太光纤自愈双环网采用 IEC 61850 协议 [166, 167] 进行通信，其已广泛用于同步量测、网络保护及控制等领域 [152, 153]。智能电气设备（IEDs）[本章中也称为智能—体化终端（intelligent integrated terminals，IITs），简称终端] 间采用基于 IEC 61850 协议标准的对等通信模式（peer-to-peer，P2P）进行通信。该协议采用面向对象的通用变电站事件（generic object oriented substation events，GOOSE）消息进行实时通信，GOOSE 通信机制因其高传输成功率目前被广泛应用于与智能电气设备有关的保护与控制领域 [153]。为解决终端间的数据同步问题，终端间采用基于 IEC 1588 协议的网络同步时钟进行实时校对。在时效性方面，该网络通过交换式以太网、全双工通信、流量控制与虚拟局域网等技术以及通过减轻以太网负荷来提升网络实时响应速度。

对等式网络每个终端以邻接表的存储形式动态保存整个存在互连的配电子网的拓扑结构，并采用广度优先搜索（BFS）算法搜索并保存其邻居终端及其邻居的邻居终端信息（对等通信对象）。这为后续一体化的差动主保护及后备保护所需通信提供了准备，且在一定程度上避免了信息风暴和传输拥塞以加速后备保护进程。当互连的配电子网的拓扑结构发生改变或当终端间存在通信故障时，应重新搜索并更新邻居终端及其邻居的邻居终端的信息。

智能终端间的信息交互如图 5.1（b）所示：①每个智能终端通过对等通信模式（P2P）与其邻居节点进行通信，获取电气信息和开关动作信息，用于差动主保护；②每个智能终端通过对等通信模式与其邻居的邻居节点（二级邻居）进行通信，获取二级邻居的电气信息和开关动作信息，用于差动后备保护。通过这种通信方式，每个终端不仅可获得差动主保护和其后备保护所需电气信息与开关动作信息，亦可获知其邻居节点与其二级邻居节点的主保护状况。

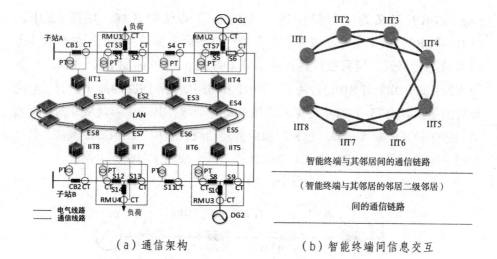

（a）通信架构　　　　　　　　　（b）智能终端间信息交互

图 5.1　一体化的差动主保护及其后备保护通信架构

5.3　基于对等式网络保护的吸收弹性提升方法

本章基于对等式网络保护的吸收弹性提升方法主要是指一种一体化的差动后备保护策略，其主要思路是：①在正常操作阶段（故障前），通过提出的设备故障检测算法周期性地检测设备故障（包括 CT 故障、通信故障、一体化终端故障及断路器拒动故障），预测设备相关的主保护状态（因为主保护失效是由设备故障引起的）；②闭锁预测失效的主保护；③当电气故障发生时，设备故障相关的后备保护代替闭锁的主保护立即启动，加速电气故障的后备隔离。基于该思路的吸收弹性提升方法在确保操作动作无误的情况下能最小化故障清除时间和故障隔离范围，达到最大限度提升配电系统吸收弹性的目的。

5.3.1　主保护及后备保护差动域定义

电流差动保护是通过比较任意闭环区域内的电流差动量来定位故障的，这个闭环区域被定义为差动域。在正常条件下，差动域内电流满足基尔霍夫电流定律（Kirchhoff's current laws，KCL），即差动域内电流之和理论上等于零；而故障条件下，差动域内的电流不满足基尔霍夫定律。

通常情况下，一个主保护差动域（简称主差动域）（primary differential

ring，PDR）定义为主保护中的一个最小差动保护区域，如图 5.2 中的 PDR1~PDR3。由于主差动域并不适合执行差动后备保护，因而通过扩展主差动区域至其邻近区域可获得后备差动域（backup differential ring，BDR），如图 5.2 中的 BDR1 与 BDR2。注意：BDR1 和 BDR2 是 PDR2 的最小扩展。与之相对的是文献 [175–177] 中定义的广域后备差动域，其为主差动域外向扩展直至到达保护区的最大边界；这种广域后备差动域仅适用于广域后备保护，且这种保护因为高昂的通信代价和复杂的计算不适合应用于复杂配电网。

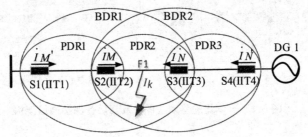

图 5.2　主保护及其后备保护差动域定义

5.3.2　差动后备保护原理

与差动主保护一样，差动后备保护也是利用基尔霍夫电流定律工作的。后备差动域内的动作电流 I_d 及制动电流 I_r 定义如下：

$$\begin{cases} I_d = \left| \dot{I}_{M'} + \dot{I}_N \right| \\ I_r = \left| \dot{I}_{M'} - \dot{I}_N \right| \end{cases} 或 \begin{cases} I_d = \left| \dot{I}_M + \dot{I}_{N'} \right| \\ I_r = \left| \dot{I}_M - \dot{I}_{N'} \right| \end{cases} \tag{5.1}$$

如图 5.2 所示，规定以母线流向被保护线路为正方向，$\dot{I}_M$（或 $\dot{I}_{M'}$）和 $\dot{I}_N$（或 $\dot{I}_{N'}$）为后备差动域内的端电流；I_d 为差动继电器动作电流，定义为后备差动域内的端电流向量之和，I_r 为制动电流，定义为后备差动域内的端电流向量之差。

后备差动域内的后备保护动作的逻辑数学表达式为（判据 5.1）

$$\begin{cases} I_d > I_{qd} \\ I_d \geqslant K_r I_r \end{cases} \tag{5.2}$$

式中：I_{qd} 为启动电流（最大不平衡电流或称为不平衡阈值电流），K_r 为制动系数，$K_r = I_d / I_r$。

差动继电器的动作如图 5.3 所示，动作曲线上方为动作区，动作曲线下方为非动作区，这种动作特性称为比率制动特性。当线路内部短路时，动作电流

I_d 很大，等于短路电流 I_k（$I_d = I_k$），制动电流 I_r 较小，接近于零（$I_r \approx 0$），因此工作点落在动作区，差动继电器动作。当线路外部短路时，流过本线路的电流是穿越性短路电流，动作电流 $I_d \approx 0$，制动电流很大，是穿越电流的两倍，即 $I_r = 2I_k$，不满足式（5.2），工作点落在非动作区。动作电流与制动电流的进一步说明：①线路内部只要有流出电流，都将成为动作电流，如内部短路电流、线路电容电流；②只要是穿越性电流都只会形成制动电流，不会形成动作电流，如负荷电流、外部短路电流。上述分析表明，差动继电器只会在差动域内部有故障时动作。

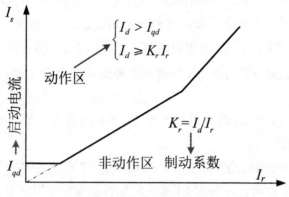

图 5.3　电流差动保护原理

接下来分析负荷电流贡献的不平衡电流对差动后备保护的影响，以及不平衡阈值电流的调整。当线路外部发生短路故障时，差动动作电流理论上为零。但是实际上在外部故障或正常运行时，动作电流往往并不等于零，这种差动电流被称为不平衡电流。不平衡电流产生的原因有很多，通常情况下比较主要的有线路电容电流、电流互感器（CTs）变比误差及暂停特性不一致导致的不平衡电流及因采样不同步导致的两端电流瞬时值不相等造成的不平衡电流[208]。对于差动后备保护而言，其最大的不平衡电流主要来自后备差动域内的负荷电流，因为后备差动域内通常情况下有一个负荷节点，外部故障或正常运行时，这种来自负荷电流的不平衡电流 I_{qd} 将可能导致后备保护的误动 [见式（5.2）]。因此，式（5.2）中的最大不平衡电流需调整，以避免后备保护的误动（动作电流必须大于因负荷电流产生的不平衡电流，$I_d > I_{qd}$）：

$$I_{qd}^{\min} = F \times \max | \dot{I}_{M'} + \dot{I}_N | \left(或 | \dot{I}_M + \dot{I}_{N'} | \right) \tag{5.3}$$

式中：$F \in [1.2, 1.5]$ 是安全调整因子。

5.3.3 设备故障检测方法

（1）CT 断线检测。CT 断线主要通过零序电流及相差电流进行检测（判据 5.2）：

$$\begin{cases} \left| \dot{i}_0^M \right| - \left| \dot{i}_0^N \right| > I_{MK} \\ \left| \dot{i}_{CDMAX} \right| < I_{WI} \end{cases} \tag{5.4}$$

式中：$\dot{i}_0^M$，$\dot{i}_0^N$ 为两侧零序电流；$\dot{i}_{CDMAX}$ 为差动电流最大相的本侧电流，即先分别计算 A，B，C 三相差电流 $\Delta \dot{I}_{MN-A}$，$\Delta \dot{I}_{MN-B}$，$\Delta \dot{I}_{MN-C}$，判断得到最大相差电流的相，最后取该差动电流最大相的本侧电流 $\dot{i}_{CDMAX}$；$I_{MK} = 0.06I_n$ 为预先设定的门槛值（I_n 为额定电流）；I_{WI} 为无电流门槛值。因为 CT 包含对差动保护影响较小，且可通过设置合适的制动系数进一步降低其影响[216]，所以本章不考虑 CT 包含故障检测。

规则 5.1：如果 CT 断线判据 5.2[式（5.4）]成立，则包含该断线故障的 CT 的主保护闭锁。

包含 CT 断线的断路器的主保护闭锁是指 CT 断线的终端与其所有的邻居组成的差动主保护闭锁（断线 CT 所在终端有多少个邻居就有多少个主差动域与差动主保护）。如图 5.4 所示，RMU1–S2 发生 CT 断线，则主差动域 PDR1 与 PDR2 相应的主保护均闭锁。为了描述方便，以下除非特殊说明，否则闭锁（或关闭）主差动域或后备差动域均代表闭锁主差动域或后备差动域内相对应的差动主保护或差动后备保护。

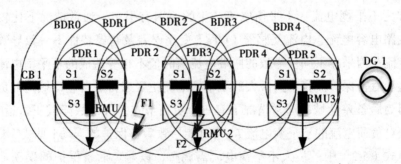

图 5.4 差动域内主保护锁实例示意图

（2）通信故障检测。在正常操作阶段（非故障时期），每个智能终端（IIT）在每个通信检测周期（15 s）内连续发送 10 个通信检测帧给其所有邻居终端。

通信故障判据（判据 5.3）：如果某一终端在其通信检测周期内收到的某个邻居确认帧数目小于 4，则认定这个终端与该邻居间的通信链路故障；如果这个终端与其所有邻居均存在通信链路故障，则认定这个 IIT 自身通信故障。

规则 5.2：如果某一终端与其一邻居间的通信链路故障判据成立，则这个终端与这条通信链路故障的邻居均闭锁；相应地，如果这个终端自身通信故障，则闭锁包含其自身在内的所有主差动域内的断路器。

（3）断路器拒动检测。

断路器拒动具体判据（判据 5.4）：电气故障后，如果某一终端判定出其后备差动域内发生电气故障，进一步地，如果该终端自身主差动域无故障，但其后备差动域内由其邻居与邻居的邻居组成的主差动域内能判定故障并且获知已输出跳闸指令，经过一段时间的延时 $\Delta T = T_p + T_{pb}$（ΔT 为主保护时间，T_p 为断路器跳闸最大时间，T_{pb} 为主保护与后备保护之间的时间余量）后，检测到其后备差动域内电气故障依然存在（过流条件依然满足），则判定后备差动域内各主差动域交界处的断路器拒动。自身主差动域如图 5.4 所示，是指终端自身控制的环网柜内所有开关组成的主差动域，如 PDR1、PDR3 和 PDR5。

例如，在图 5.4 中，故障发生在 F1 且 RMU1–S2 拒动。如果主差动域 PDR2 能判断出故障，RMU1 内终端的后备差动域判断 BDR1 出故障，而后备差动域内的自身主差动域 PDR1 不能判断出故障，邻居及邻居的邻居组成的主差动域 PDR2 能判断出故障且已输出跳闸指令；经过一段时间的延时 ΔT，该终端判定出其后备差动域内电气故障依然存在（过流条件依然满足），则可判定后备差动域 BDR1 内主差动域 PDR2 和 PDR1 交界处断路器 RMU1–S2 拒动。

上述后备保护方式称为主动式后备保护方式，以区别于被动式后备保护方式（邻居及邻居的邻居组成的主差动域内终端发出的补位信息要求后备补位）。这种主动式后备保护方法更快速，因其节省了通信及判别的时间（详细说明见 5.3.5 节）。

5.3.4　一体化的差动后备保护策略

一体化的差动后备保护策略的执行流程如图 5.5 所示，包括四个部分：通信故障检测及其处理、CT 故障检测及其处理、主保护和后备保护启动及主保护处理与后备保护处理。

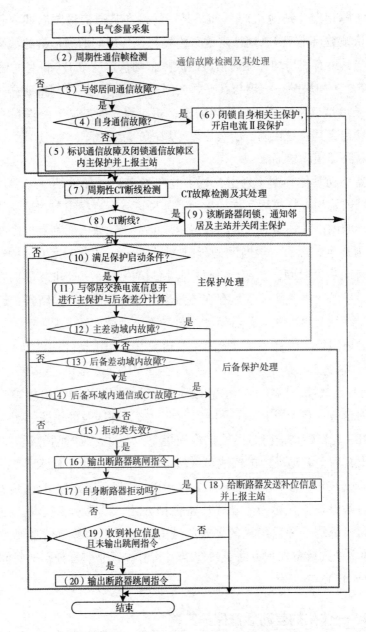

图 5.5 一体化的后备保护策略的流程图

（1）通信故障检测及其处理。如图 5.5 所示，通信故障检测及其处理包括
Step（1）~Step（6）：

Step（1）：电气参量采集。

Step（2）：周期性通信帧检测。

Step（3）：判断是否与邻居通信故障，如果是则进入下一步，否则转到 Step（7）。

Step（4）：判断是否自身通信故障，如果是则转到 Step（6），否则进入下一步；

Step（5）：标识通信故障并上报主站及闭锁包含通信故障区域的主保护。

Step（6）：闭锁自身相关主保护，开启电流Ⅱ段保护。

其中，Step（3）和 Step（4）均采用规则 5.2 进行判别。Step（5）中，如果存在多个通信链路故障，需闭锁多个主保护。

（2）CT 故障检测及其处理。CT 故障检测及其处理部分包括：

Step（7）：周期性的 CT 断线检测。

Step（8）：判断 CT 是否断线，如果是进入下一步，否则转到 Step（10）。

Step（9）：闭锁 CT 所在断路器并上报主站，关闭 CT 所在主保护。

（3）主保护和后备保护启动及主保护处理。主保护和后备保护启动及主保护处理部分包括：

Step（10）：判断启动条件是否满足，如果满足进入下一步，否则转到 Step（19）。

Step（11）：进行主保护与后备保护的差动计算。

Step（12）：判断主差动域内主保护是否故障，如果是转到 Step（16），否则进入下一步。

其中，Step（10）主（或后备）保护启动处理判据 [式（5.5）] 为：如果电流变化量起动元件、零序过流起动元件、相过流起动元件及电压辅助起动元件中任意起动元件满足，就认为起动元件启动，则主（或后备）保护启动处理程序启动。

主差动域内的故障判据为动作逻辑的数学表达式（判据 5.5）成立：

$$\begin{cases} I_d^P > I_{qd}^P \\ I_d^P \geqslant K_r^P I_r^P \end{cases} \tag{5.5}$$

式中：I_d^P，I_r^P，I_{qd}^P 为主保护的差动电流、制动电流及启动电流，K_r^P 为制动系数。

（4）后备处理流程。后备处理流程包括以下八个步骤：

Step（13）：判断后备差动域是否故障，是则进入下一步，否则转到 Step（19）。

Step（14）：如果后备差动域内通信故障或 CT 故障，则转到 Step（16），否则进入下一步。

Step（15）：判断邻居断路器是否拒动，是则进入下一步，否则转到 Step（19）。

Step（16）：输出断路器跳闸指令。

Step（17）：判断自身断路器是否拒动，是则进入下一步，否则转到结束。

Step（18）：向邻居发送补位跳闸指令并上报主站，再转到结束。

Step（19）：判断是否收到邻居跳闸指令且自身未输出跳闸指令，是则进入下一步，否则转到结束。

Step（20）：输出断路器跳闸指令。

以下部分是上述后备处理步骤的补充说明：①后备差动域故障 [Step（13）] 的具体判断见式（5.2）（判据 5.1）。②后备差动域内通信或 CT 故障 [Step（14）] 判据（判据 5.6）是：后备差动域有故障且其内两个主差动域的主保护都因 CT 断线闭锁（两个主差动域 CT 断线闭锁标志均置位）（意味着两个主差动域的交叉点 CT 断线），或后备差动域内的两个主差动域内的主保护都因通信闭锁（两个主差动域通信故障闭锁标志均置位）（意味着两个主差动域的交叉点终端通信故障），或后备差动域内的一个主差动域内的主保护因通信闭锁（该主差动域内通信故障闭锁标志均置位）（意味着终端与其闭锁的主差动域内邻居终端间通信故障）。上述两个主差动域内主保护闭锁判据分别见判据 5.3 和判据 5.2。③拒动类失效判据 [Step（15）] 见判据 5.4，原理与上述②类似。下面结合具体实例对后备保护处理流程做进一步分析和说明。

例 1（CT 断线位于故障点上游）：如图 5.4 所示，故障发生在 F1 且 RMU1-S2 的 CT 断线。后备差动域 BDR1 能判断出故障，而主差动域 PDR1 与 PDR2 主保护已闭锁不能判断出故障（CT 断线判据成立），因此 BDR1（由 RMU1-S1、RMU1-S3 及 RMU2-S1 组成）后备输出跳闸。而后备差动域 BDR0 因 CT 断线导致主差动域和后备差动域均不能判断出电气故障，不会误动。

例 2（CT 断线位于故障点下游）：故障发生在 F1 且 RMU2-S1 的 CT 断线。后备差动域 BDR2 能判断出故障，而主差动域 PDR2 与 PDR3 主保护已闭锁不能判断出故障，满足判据的 BDR1（RMU1-S1、RMU1-S3 及 RMU2-S1）后备输出跳闸。同理，BDR0 与 BDR3 均不满足判据，不会误动。

例 3（通信故障）：故障发生在 F1 且 RMU1-S2 与 RMU2-S1 通信链路故障。

后备差动域 BDR1 能判断出故障，主差动域 PDR1 与 PDR2 主保护均因通信故障已闭锁不能判断出故障，BDR1（RMU1-S1、RMU1-S3 及 RMU2-S1）满足判据条件，输出跳闸。而后备差动域 BDR0 因不能判断出故障，不满足判据条件，因此不会误动跳闸，同理后备差动域 BDR2 也不会误动。

例 4（拒动的断路器）：故障发生在 F1 且 RMU1-S2 拒动，主差动域 PDR2 与后备差动域 BDR1 及 BDR2 都能判断出故障。因此，RMU1-S2 和 RMU2-S1 均收到跳闸指令，RMU2-S1 跳闸成功但 RMU1-S2 拒动（故障电流未切除）。经过一段时间的延时 ΔT 后，后备差动域 BDR1 范围内依然过流，则判断出后备差动域 BDR1 内主差动域 PDR2 和 PDR1 交界的断路器拒动，RMU1 所在终端依据判据 5.4 输出跳闸指令给后备差动域 BDR1 内边界开关 RMU1-S1 和 RMU1-S3。

综上所述，基于设备故障检测的后备保护策略能正确无误地加速后备故障隔离，且后备的故障隔离范围只扩展到主保护的上一级断路器。值得注意的是，该后备保护策略是一个分布式的网络后备保护策略，即每个终端都是上述一体化后备保护系统中的一个独立执行主体；最终，通过终端间的彼此协调共同完成后备保护任务；当提出的备用保护失效时，一体化的后备保护系统自动切换为传统的电流 II 段过流保护 [217]。

5.3.5 时间性能分析

如图 5.6（a）所示，传统后备保护故障清除时间为 [218]

$$T_b = \Delta t_p + \Delta t_{pb} + \Delta t_b \qquad (5.6)$$

式中：$\Delta t_p = t_{p,c} - t_f$ 是主保护的故障清除时间，$t_{p,c}$ 是主保护故障清除时刻，t_f 是故障发生时刻；$\Delta t_b = t_{b,c} - t_{b,s}$ 是后备保护的故障清除时间，$t_{b,c}$ 是后备保护故障清除时刻，$t_{b,s}$ 是后备保护启动时刻；Δt_{pb} 是一个延时时间，其作用是在主保护与后备保护间提供一定的缓冲时间。

因为电流差动主保护与其他主保护的故障清除时间不一致，且通常情况下前者小于后者 [142]，因此为方便比较本章的后备保护与传统的后备保护，本章假设所有的主保护的时间相等。基于上述假设，在主保护因 CT 或通信故障而失效时，本章呈现的后备保护替代预测失效且闭锁的主保护直接启动定位故障，后备保护在 $t_{p,s}$ 发出跳闸指令。因此，如图 5.6（b）所示，在 CT 或通信故障时，后备的故障清除时间接近于主保护的时间：

$$T_{b,C} \approx \Delta t_p \tag{5.7}$$

在断路器拒动的情况下，如图 5.6（c）所示，后备的故障清除时间为

$$T_{b,B} = \Delta t_p + \Delta t_{pb} + \Delta t_b' \tag{5.8}$$

式中：$\Delta t_b' = t_{b,c}' - t_{b,s}'$，为后备的跳闸指令发出到后备故障清除时刻的时间，$t_{b,c}'$ 为后备保护的故障电流中断时刻，$t_{b,s}'$ 为后备保护输出跳闸指令时刻。

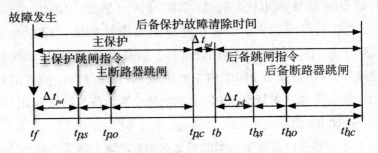

（a）传统的后备保护

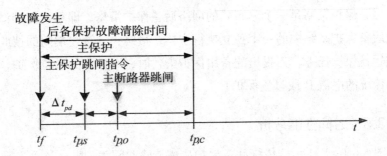

（b）CT 及通信故障下的后备保护

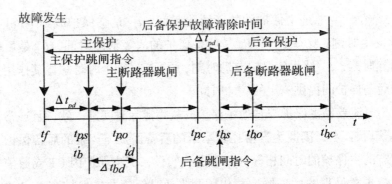

（c）断路器拒动下的后备保护

图 5.6　后备保护故障清除时间示意图

综合上述分析可得出以下结论：①当二次侧故障为 CT 断线或通信故障时，一次侧故障发生在二次侧故障区内时，后备保护替代预测失效的主保护直接清除故障，其故障的清除时间接近主保护的故障清除时间；②当二次侧故障为断路器拒动时，这种主动式后备保护方式快于传统被动式后备保护方式及传统的Ⅲ段过流保护；③故障隔离范围仅扩大到主保护的上一级断路器。

5.4　算例仿真与分析

如图 5.7 所示，采用动模测试平台和实时数字仿真系统（RTDS）测试本章后备保护策略。前者主要用于测试单一设备故障下的典型的故障场景，后者主要用于测试复杂场景。为与其他传统的后备保护进行比较，文献 [147]、文献 [156] 及文献 [176] 中传统的后备保护方法也在实验场景中被测试采用。

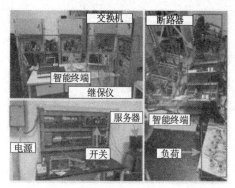
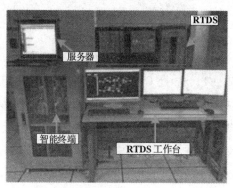

（a）动模测试平台　　　（b）RTDS 实时数字仿真系统

图 5.7　动模实验与半实物闭环仿真测试平台

5.4.1　动模实验与分析

本节使用动模测试平台测试图 5.2 中的配电系统。为保证测试安全，图 5.2 中配电系统的额定相电压设置为 220 V。测试中差动主保护及后备保护的制动系数 K_r 遵照 DL/T 1771—2017《比率差动保护功能技术规范》标准 [217] 设置为固定值 0.4。为仿真 DG 渗透的配电系统的单相接地故障 F1，一体化中的 IIT1 和 IIT2 中的 CT 电流采样方向一致，IIT3 和 IIT4 中 CT 电流采样方向一致但与 IIT1 和 IIT2 的采样电流方向相反（方向接线）。为了测试的安全及由于实验条件限制，单相接地故障是通过增加负荷电流来进行模拟的。测试中，额定线路电流设置为 3 A，差动主保护及后备保护的启动电流设置为 5 A。为便于实验观察，测试中的跳闸信号设置为不同的标度。

（1）设备故障检测。在这个算例中，CT、通信及断路器故障是分别通过人工断开 CT 的输出端、通信通道及断路器的控制端口来模拟实现的。测试结果显示在表 5.1 中。测试结果表明，本章所提的设备故障检测算法是有效的且具有很高的精度。

表 5.1　设备故障及非故障检测结果

故障设备	试验次数	准确度 /%
CT	150	100
通信	150	100
断路器	50	100

（2）场景 1（CT 故障下的后备保护跳闸）。在这个算例中，电气故障发生在 F1，S2 处 CT 断线故障。主差动域 PDR2 内的主保护因 CT 故障闭锁。后备差动域的边界终端 IIT1 和 IIT3 代替预测失效且闭锁的主保护，跳开其相应的继电器，隔离电气故障。如图 5.8 所示，后备保护的故障清除时间为 63 ms（近似 3 个周波），其中从电气故障发生到跳闸指令输出（给后备的断路器发出跳闸信号）的时间为 37 ms（近似 2 个周波）。

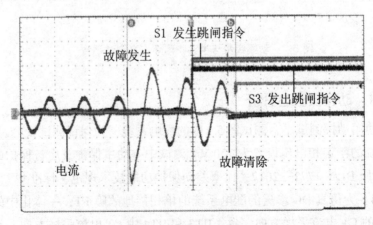

图 5.8　CT 故障下的后备跳闸

（3）场景 2（主保护的断路器拒动情况下的后备保护跳闸）。在这个算例中，电气故障点为 F1，主差动域 PDR2 内的终端 IIT2 和 IIT3 利用电流差动保护原理定位了电气故障且发出了跳闸指令去隔离这个电气故障。最终，断路器 S3 成功地执行了跳闸操作而断路器 S2 拒动。经过一段时间的延时后，IIT1 利用后备差动域 BDR1 成功地检测到了断路器 S2 的拒动，发出后备的跳闸指令并成功地跳闸隔离电气故障。因为不同的一体化智能终端间在数据传输时间及断路器机械动作时间上存在一定的差异，所以，本章中预设的延时时间为 90 ms。实验结果显示在图 5.9 中。从图 5.9 可以观察到，IIT1 从故障发生到输出跳闸信号的时间为 123 ms，最终的故障清除时间为 143 ms（近似 7 个周波）。

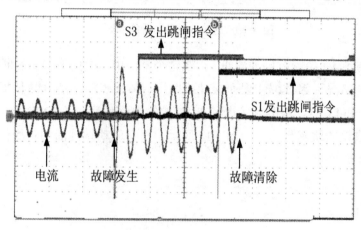

图 5.9　断路器拒动下的后备跳闸

（4）场景 3（通信故障下的后备保护跳闸）。在这个算例中，电气故障点依然为 F1，IIT1 及 IIT3 的通信正常但 IIT2 因光纤端口断开导致通信失效，因此 IIT2 与 IIT1 及 IIT3 间的通信失效。IIT1 和 IIT3 分别检测到它们与其邻居 IIT2 间的通信故障，闭锁了预测失效的主差动域 PDR1 和 PDR2 内的主保护。后备差动域 BDR1 边界的终端 IIT1 和 IIT3 依据闭锁的主保护及通信故障标识信息，启动其后备保护替代预测失效的差动域 PDR2 内的主保护。最终，电气故障点 F1 被隔离，实验结果显示于图 5.10。从图 5.10 可知，通信故障下的后备保护的故障清除时间为 61 ms（近似 3 个周波），其中从电气故障发生到跳闸指令输出（给后备的断路器发出跳闸信号）的时间为 38 ms（等于 2 个周波）。

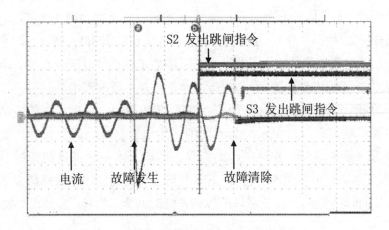

图 5.10　通信故障下的后备跳闸

（5）场景 4（错误跳闸的纠正）。在这个算例中，主保护相关的断路器 S2 在无故障的情况下因数据错误而误动跳闸。一体化智能终端 IIT1 依据后备差动域 PDR2 和 PDR1，检测到了断路器 S2 的错误动作后，给 S2 发送合闸指令纠正这次错误的跳闸行为。如图 5.11 所示，整个误动跳闸的纠正操作时间为 416 ms。

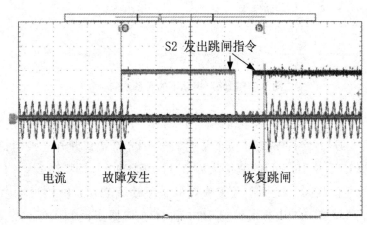

图 5.11　错误跳闸的纠正

为了更好地与其他后备方法进行比较，文献 [156] 中的 ADP 后备方法及文献 [147, 176] 中的 WADP 后备方法在上述的实验场景中也被测试。表 5.2 给出了相关的测试结果。接下来，采用归一化的度量方法并结合上述实验结果及负荷信息，对本章保护方法及其他保护方法对吸收弹性的提升进行量测评估，量测评估中归一化时间为 1s（大于上述四种方法的故障隔离时间），外力和系统功能采用第 2 章中的表征方法分别量化为故障点负荷（IIT3）和保护措施后正常工作的总负荷的比例，再采用式（2.14）和式（2.24）计算出归一化的吸收弹性。吸收弹性的提升结果显示于表 5.2。由表 5.2 可知：上述三种方法都能有效提升配电网的吸收弹性性能；进一步地，本章后备保护策略的效果明显优于其他方法 [147,156,176]。

表 5.2　基于网络保护的吸收弹性提升性能比较

设备故障	方法	实际操作 /s	跳闸开关	提升的吸收弹性
CT	本章方法	0.063	S1, S3	0.62
	ADP [156]	0.636	S1	趋近于 0
	WADP [147,176]	0.225	S1, S4	0.26
断路器	本章方法	0.143	S2, S4	0.57
	ADP [156]	0.638	S1	趋近于 0
	WADP [147,176]	0.231	S1, S4	0.25
通信	本章方法	0.061	S2, S3	0.62
	ADP [156]	0.632	S1	趋近于 0
	WADP [147, 176]	0.229	S1, S4	0.25
错误跳闸	本章方法	0.416	S2	0.58

从上述场景的测试可知，本章提出的后备保护策略具有以下几个优势：① 本章的设备故障检测方法能精确地检测设备故障；②本章的后备保护策略能正确地定位电气故障，且因该策略能依据设备检测方法正确地预测主保护的失效状态并在电气故障下替代失效的主保护提前启动，故具有快速性及稳定性等特点；③相比传统的 ADP [156] 与 WADP [147, 176] 方法，本章的后备保护策略的故障隔离时间更短，故障的隔离范围更小，吸收弹性提升效果更显著。

5.4.2　基于 RTDS 的仿真测试与分析

本节以中国电网某城市部分 10 kV 配电系统（见图 5.12）进行仿真实验，测试复合故障场景下本章后备保护策略的有效性及实用性。图 5.7（b）为仿真实验系统，包括 RTDS 和一体化智能终端，实验中 DG 采用交流同步发电机模

拟。图 5.13 为实验测试的复合设备故障下后备保护波形图，图 5.13 中的 RE
代表控制继电器（relay），其编号与相应的 IIT 及断路器编号一致，断路器
S3、S15 和 S23 作为联络开关使用。表 5.3 给出了所有场景下的测试结果，以
下是典型的算例。

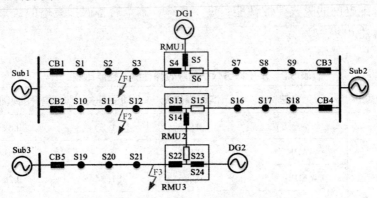

图 5.12　10 kV 配电网络

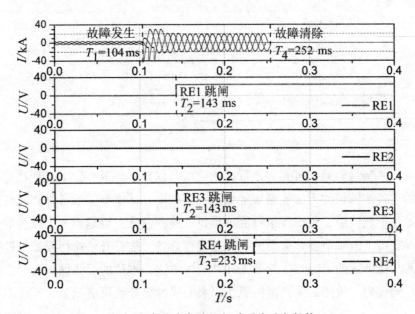

（a）CT 断线和断路器拒动下的后备保护

图 5.13　复合设备故障下后备保护波形图

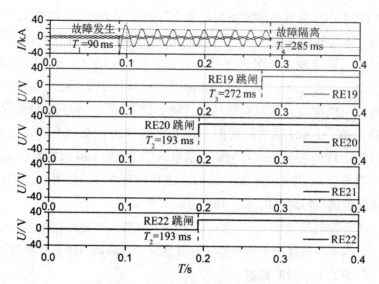

（b）断路器拒动与通信故障下的后备保护

图 5.13　复合设备故障下后备保护波形图（续）

（1）CT 断线和断路器拒动（对应于表 5.3 中的场景 2）。在这个算例中，三相接地故障 F1 发生于 T_1 = 104 ms 时刻，IIT2（S2）中 CT 断线且断路器 S3 在主保护执行过程中拒动。如图 5.13（a）所示，IIT2 的 CT 断线导致其相关的主保护（由 S2 和 S3 组成）失效。由 S1 和 S3 组成的差动后备保护相关的一体化终端 IIT1 和 IIT3 替代预测已失效的主保护，实时定位这个电气故障并于 T_2 = 143 ms 时刻发出继电器跳闸指令。经过一段时间的延时（90 ms），IIT4 检测到断路器 S3 的拒动操作，输出跳闸指令给 S4，其继电器于 T_3 = 233 ms 时刻成功跳闸。最终，该电气故障于 T_4 = 252 ms 时刻被成功隔离，整个后备保护的故障清除时间为 148 ms。

（2）CT 断线与通信故障同时发生（对应于表 5.3 中的场景 4）。在这个算例中，单相接地故障点为 F3，IIT21（S21）中 CT 断线且 IIT21 与其邻居 IIT20 间及 IIT22 间通信故障。IIT20（S20）的 CT 断线导致 S20 和 S21 间的主保护失效。IIT21（S21）通信故障也造成 S20 和 S21 间及 S21 和 S22 的主保护均失效。IIT20（S20）和 IIT22（S22）利用由 S20 和 S22 组成的后备差动域检测到了 CT 及通信故障，依据其相应的主保护的闭锁信息及时取代预测已失效的主保护，发出后备的跳闸指令，隔离电气故障 F3。如表 5.3 中场景 4 所示，后备保护的故障隔离时间为 67 ms。

（3）断路器拒动与通信故障同时发生（对应于表 5.3 中的场景 5）。在这个算例中，单相接地故障 F3 发生于 T_1= 90 ms 时刻，且 IIT21（S21）和 IIT22（S22）发生通信故障，如图 5.13（b）所示。IIT21（S21）和 IIT22（S22）组成的主差动域因通信故障而闭锁，IIT20（S20）和 IIT22（S22）组成的后备差动域检测到电气故障并依据差动域内的闭锁信息于 T_2= 193 ms 时刻及时发出后备的跳闸指令，S22 成功跳闸但 S20 拒动。IIT20 向邻居 IIT19 发出补位跳闸请求信息，IIT19 收到补位跳闸请求信息后于 T_3= 272 ms 时刻发出跳闸指令，断开继电器 RE19，并于 T_4= 285 ms 时刻成功隔离故障。如图 5.13（b）所示，整个后备保护的故障隔离时间为 195 ms。

从上述实验测试结果（图 5.13 及表 5.3）可知，即使在存在多种设备故障的情况下，本章后备保护策略依然能有效地定位及隔离故障且故障的隔离范围限制在主保护的上一级断路器。

表 5.3　各种复合场景下的后备保护测试结果

场景	故障类型	CT 故障	断路器拒动	通信故障	跳闸开关	故障清除时间 /ms
1	F1 三相接地	—	S2, S3	—	S1, S4	191
2	F1 三相接地	S2	S3	—	S1, S4	148
3	F2 A、B 相短路	—	—	S10~S11, S11~S12	S10, S13	69
4	F3 C 相接地	S21	—	S20~S21, S21~S22	S19, S22	67
5	F3 C 相接地	—	S20	S21~S22	S19, S22	195

5.5　本章小结

电力网络吸收弹性与外力作用下的弹性应变（故障隔离范围）及故障隔离时间有关，可采用电力网络外力（故障）时间范围内弹性余能与理想弹性余能的比率来量测（归一化度量）。为提升电网系统（配电网）的吸收弹性性能，本章提出一种基于对等式网络保护的吸收弹性提升方法（后备保护策略），该方法的基本思路是：在正常操作阶段，通过设备故障检测算法预测设备相关的主保护状态；故障发生时闭锁预测失效的主保护并立即启动后备保护代替预测失效的主保护，加速电气故障的隔离。由动模实验及 RTDS 仿真实验测试结果，可得如下结论。

（1）本章提出的设备故障检测方法能精确地探测 CT、通信、断路器及终端自身等设备故障，进而预测故障条件下设备故障相关的主保护状态并闭锁预测失效的主保护。

（2）当电气故障发生时，本章所提出的后备保护策略能及时替代预测已失效的主保护，提前启动并成功隔离电气故障，具有响应速度快和稳定性好的特点。

（3）由于定义的后备差动域是主差动域的最小扩展，所提出的后备保护策略能最小化故障隔离范围（最小化弹性应变），即故障隔离范围仅扩大至主保护的上一级断路器。

（4）相比传统的后备保护方法（ADP [156]、WADP [147,176]），本章所提出的后备保护策略在配电网吸收弹性提升方面的效果更优。

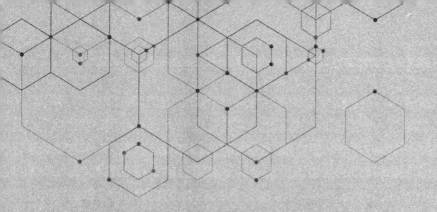

第 6 章　基于分布式多代理自愈控制的响应与恢复弹性提升方法

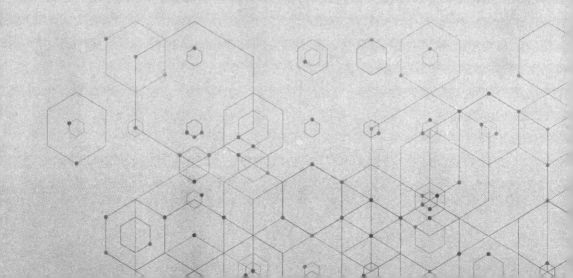

6.1 引言

电力网络响应与恢复弹性是指电力网络（物理系统）借助弹性控制系统（信息系统）对电力网络损失的系统功能的响应与自愈恢复能力，通常可用响应与恢复时间、应力及恢复的系统功能来表征与度量（见第 2 章）。在电力网络中，自愈恢复（self-healing）或服务恢复（service restoration）与响应及恢复弹性在本质上一致，是指在不违反任何电力网络约束的情况下，通过网络重构（network reconfiguration）或计划孤岛（intentional island）以最小响应与恢复时间和最小开关操作代价（最小应力或恢复力代价）实现非故障失电区负荷（out-of-service loads）的最大电力恢复[182-184]。本章响应与恢复弹性提升方法和自愈恢复（服务恢复）策略无差别地视为同一概念。

传统的集中式的自愈恢复方法包括数学优化算法[185, 186]、启发式算法[187]及人工智能优化方法[188-190]，能有效提升电力网络响应与恢复弹性，然而其没有充分考虑恢复时间这一因素，响应与恢复弹性提升效果有限。传统的基于多代理的分布式自愈恢复方法考虑了响应与恢复时间，然而，因信息获取需通过多次迭代而难以保证全局信息的获取，此外因分布式多代理的计算性能有限，在没有相应的缩减模式及快速搜索算法的情况下，其计算性能及实时性难以得到保证。

针对上述问题，本章提出了一种融合计划孤岛和网络重构的完全分布式的多代理（fully decentralized multi-agent system，FDMAS）的响应与恢复弹性提升方法（自愈恢复策略），其以最小的开关操作次数和最少响应与恢复时间、最大化负荷恢复达到最大化响应与恢复弹性提升的目的。本章主要内容和创新点如下：①构建一个完全分布式的多代理的控制架构，此架构下的决策代理由故障点位置确定，使得该控制技术完全分布，且仅需一次信息迭代便可获取全局信息；②组建了一种包含社区划分及动态团队形成机制的缩减模型，其不失全局优化性地显著降低了自愈恢复计算的复杂度；③提出一种基于网络流理论的网络重构算法，其通过改进最短路径算法（shortest argument-path，SAP）

并结合参数调整，能有效缓解负荷波动及分布式电源间歇性的影响；④提出了一种融合计划孤岛和网络重构的完全分布式的多代理（FDMAS）的自愈恢复策略；⑤构筑了一个完全分布式的多代理自愈恢复控制的统一编程框架，使得代理依据自身身份属性选择相应的程序模块自主执行相应任务，最终通过分工协作实现自愈恢复总目标，这种统一编程框架有利于响应与恢复弹性提升方法的应用与推广。

本章剩余部分结构组织如下：6.2 节为完全分布式多代理系统的自愈控制架构；6.3 节为方法论，主要包括自愈恢复模式、缩减模型、问题描述、自愈恢复策略及自愈恢复流程；仿真实验在 6.4 节；6.5 节对本章进行小结。

6.2　完全分布式多代理系统的自愈控制架构

6.2.1　分布式代理定义

根据身份属性，完全分布式代理定义如下。

（1）母线代理（bus agent，BA）：实时采集馈线母线电压和分支电流信息，周期性地更新其动态负荷信息，并采取查询—回复方式与其他代理共享动态负荷信息。

（2）馈线母线代理（feeder bus agent，FBA）：实时采集馈线母线电压及电流，并采取查询—回复方式与其连接的联络开关母线代理共享其载流裕度（capacity margin）。

（3）联络开关母线代理（tie-bus agent，TBA）：除了具有母线代理的功能外，初始化时采用广度优先搜索算法（BSF）搜索并保存其两端的馈线母线代理，并采取查询—回复方式获取其两侧馈线的载流裕度。

（4）DG 母线代理（DG-bus agent，DBA）：除母线代理的功能外，还实时监视其 DG 出力，并实时地进行反孤岛检测或低电压穿越控制。

上述所有代理都处于同一层次，彼此共享信息，并相互协作完成共同目标。

6.2.2　通信与控制架构

基于 IEC 61850 协议 [219] 的广域通信系统已广泛用于智能电网的同步量测、

网络保护及优化控制等领域[191, 192]。一方面，来自不同制造商的智能电气设备（IED）的互操作性促进了 IEC 61850 标准的发展；另一方面，IEC 61850 标准允许开发人员将自动化代码嵌入 IED（IED 可用作控制代理）[179, 197]。因此在本章中，智能电气设备被用作控制代理。代理间采用基于 IEC 61850 协议标准的对等通信模式（P2P）并以面向对象的通用变电站事件（GOOSE）消息进行实时通信。目前 GOOSE 通信机制因其高传输成功率已被广泛应用于与智能电气设备（代理）有关的保护与控制领域[192]。

图 6.1 显示了代理间的信息互动及协作关系。可重构故障隔离代理（本章称之为 RFIA）及计划孤岛范围内的具有电压 – 频率或下垂控制能力的 DG 母线代理（本章称之为 ICDBA）被用作决策代理。如果非故障失电区（out-of-service area）为计划孤岛，则计划孤岛内的故障隔离代理转移其决策权予计划孤岛内的具有电压 – 频率或下垂控制能力的 DG 母线代理。RFIA 或 ICDBA 与其动态团队内其他成员代理间彼此通信。联络开关母线代理发送查询消息给其两端对应的馈线代理，获取其对应的馈线的载流裕度。需要注意的是，动态团队包括非故障失电区内的代理以及与之相连的联络开关母线代理（详细描述见下一节）。

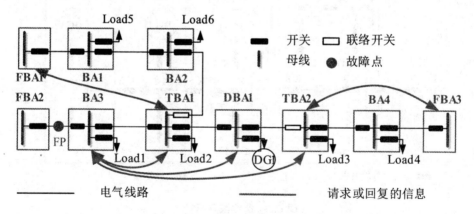

图 6.1　控制代理及代理间的信息互动

综上所述，所有决策代理并非固定的，而是由故障点决定，因此本章代理控制结构被称为完全分布式的多代理结构。相比其他多代理系统结构中的信息多迭代方式，本章通信架构仅通过一次信息迭代即可获取自愈恢复所需的全局信息。

6.3　基于完全分布式多代理的自愈控制策略

6.3.1　自愈恢复模式

对于一个含有 DG 的配电系统，电气故障发生后，自愈恢复进程至少存在三种场景。

（1）非计划孤岛模式。第一种场景是非计划孤岛模式（unintentional islanding mode）。故障隔离后，如果孤岛内的 DG 不具备电压–频率或下垂控制能力，DG 的负荷间歇性地波动将影响该非故障失电区（孤岛）的稳定运行。如图 6.2 所示，如 DG1 不具备控制能力，故障点 F1 被分段开关 K4 和 K2 跳闸隔离后形成的孤岛为非计划孤岛。本章不考虑这种场景，但假设这种场景下的 DG 均具有反孤岛检测保护功能，以保证孤岛区域的电力安全[182, 220]。

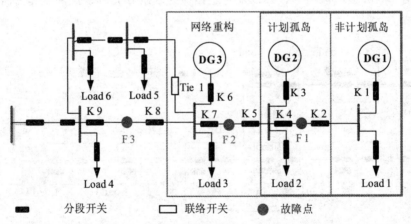

图 6.2　自愈恢复模式

（2）计划孤岛模式。第二种场景为计划孤岛模式（intentional islanding mode）。当 F2 发生故障时，K5 和 K7 跳闸隔离故障形成孤岛。如果该孤岛内具备电压–频率或下垂控制能力的 DG 控制节点（见图 6.2 中的 DG2），该孤岛内的全部或部分负荷能可借助孤岛内的 DG2 恢复，这种孤岛场景称为计划孤岛模式[182, 183]。计划孤岛在本质上是一个与主网脱离的微电网[184]，原则上与微电网有关的三种主要控制模式[分层混合控制方式、主从控制模式（电压–

频率控制模式）及对等控制模式（下垂控制模式）]均可以用于计划孤岛控制，但分层混合控制模式的通信及控制的复杂度高，并不适合基于多代理的计划孤岛。本章采用后两种控制模式。

（3）网络重构模式。

第三种场景为网络重构模式（network reconfiguration mode）。如果故障隔离后形成的孤岛可通过联络开关以负荷转供方式实现负荷恢复，如故障点F3被K8和K9跳闸隔离后形成的孤岛可以通过联络开关Tie1转供，这种场景称为网络重构模式。网络重构模式包含两种情况：①孤岛内不含DG或孤岛内的DG不具备控制能力（只能通过网络重构实现故障恢复）；②孤岛内的DG具备控制能力。后者虽也可通过计划孤岛（第二种场景）实现故障恢复，但考虑到网络重构能使得区域内的DG与主网相连，能增强恢复区域的稳定性（抗DG和负荷的间隙性、波动性）[183]，本章仅考虑计划孤岛及网络重构模式。

6.3.2　缩减模型

（1）社区划分机制。社区划分机制如下：任意选择一个节点作为源节点，视联络开关为合闸状态（连通状态），以变电站母线为边界，采用广度优先搜索（BSF）算法搜索配电网的连通子网，不断重复上述操作直到所有节点均被遍历，则任意一个连通子网为一个社区。

如图6.3所示，通过社区划分机制，整个配电网图可划分为两个独立社区。相应地，控制结构中的代理也划分为两个独立的社区。因各社区内的自愈恢复具有独立性（不涉及其他社区），在各社区内的自愈恢复具有全局优化性。由此通过划分的社区，自愈恢复计算第一次被降维。

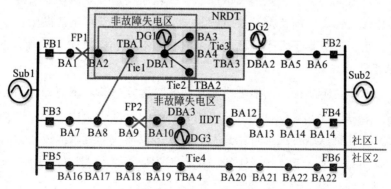

图6.3　缩减模型示意图

（2）动态团队形成机制。动态团队形成机制如下：故障下游故障隔离节点代理以其自身作为源节点，以有效联络开关为边界，采用广度优先搜索算法获取一个连通的子图（动态团队）。按照相应的自愈恢复模式，动态团队也相应地分为三种：非计划孤岛动态团队（unintentional islanding dynamic Team，UIDT）、计划孤岛动态团队（intentional islanding dynamic team，IIDT）及网络可重构动态团队（network-reconfigurable dynamic team，NRDT）。本章仅考虑后两种。

如图 6.3 所示，计划孤岛动态团队及非计划孤岛动态团队由非故障失电区代理组成，而网络可重构动态团队由非故障失电区代理及与该区域相连的有效联络开关母线代理构成。对计划孤岛动态团队而言，自愈恢复所需信息可通过其团队成员信息互动获取。网络可重构动态团队内自愈恢复所需信息仅通过一次信息迭代即可获得（团队内的故障隔离代理获取团队内成员信息，团队内的联络开关母线代理与相连的馈线代理通信获取其对应的馈线载流裕度）。因有效联络开关通过通信可取代其对应的健康馈线，自愈恢复可在动态团队内部进行，由此，所有自愈恢复的计算维度将明显降低且不失全局优化性。

进一步地，上述信息采集工作可在故障前完成，能为进一步加速故障后的自愈恢复提供准备工作，过程如下：每个代理通过假设其自身为故障隔离节点形成一个虚拟的动态团队，然后判别该虚拟团队的类别。如果该虚拟团队为网络可重构动态团队，则这个故障隔离节点成为网络可重构故障隔离节点（虚拟领导代理）；如果该虚拟团队为计划孤岛动态团队，团队内具有电压－频率或下垂控制能力的 DG 代理成为一个虚拟领导代理。然后，虚拟的网络可重构动态团队或计划孤岛动态团队内的虚拟领导代理通过上节的消息互动方式获取自愈重构所需的信息。需要特别注意的是，虚拟领导代理在正常操作阶段并没有决策权，仅当故障真正发生且已被隔离时，才被授予控制权（更详细的描述见 6.3.5 节）。

综上所述，本章提出的缩减模型（包含社区划分和动态划分机制）能显著降低自愈恢复的计算维度，加速故障恢复且不影响其全局优化性，这是因为社区具有独立性且联络开关通过信息互动能代表其对应的健康馈线。为后续描述方便，在本章余下部分，动态团队 G 无差别地代表其对应的子网（非故障失电区子网及与其相连的联络开关）。

6.3.3　问题数学表述

（1）目标函数。

①子目标：动态团队 G 内自愈恢复的子目标为最大化优先级的负荷恢复及最小化开关操作数目[197]，即

$$\max \sum_{d \in D_G} \mu_d P_d \tag{6.1}$$

$$\min n_G \tag{6.2}$$

式中：d 为负荷编号，D_G 是 G 内需恢复的负荷集，μ_d 是负荷优先级别，P_d 负荷 d 的有功功率。

②总目标：定义为所有子目标之和，即

$$\max \sum_{n_T=1}^{n_T=N_T} \sum_{d \in D_G} \mu_d P_d \tag{6.3}$$

$$\min \sum_{n_T=1}^{n_T=N_T} n_G \tag{6.4}$$

式中：n_T 和 N_T 为整个配电网内动态团队 G 的索引编号及数目（针对多故障点场景）。

（2）约束条件。

①辐射型约束条件：如果所有联络开关被视为一条馈线，则恢复后的子网 G 也应该由辐射型结构组成[168]，即

$$n_{\text{path}}^{t_i,v,t_j} = 0 \tag{6.5}$$

式中：t_i，t_j 为动态团队 G 内闭合的联络开关，v 为 G 内的任意节点，$n_{\text{path}}^{t_i,v,t_j}$ 为任意两个闭合的联络开关节点通过节点 v 的路径数。

②操作约束：考虑到恢复后的 G 是辐射型结构，如果 DG 被视为主动负荷，则非故障失电区内由健康馈线 fl 提供电力供应的负荷应小于健康馈线 fl 的载流裕度：

$$\sum_{d \in D_{\text{fl}}} S_d - \sum_{g \in G_{\text{fl}}} S_g \leqslant S_{\text{fl,magin}} \tag{6.6}$$

式中：g 为 DG 索引编号，S_d 和 S_g 分别为负荷 d 与 DG 的复合功率，D_{fl} 和 G_{fl} 分别为 G 中由馈线 fl 提供电能的负荷集与 DG 集。$S_{\text{fl,magin}}$ 为馈线 fl 的载流裕度，定义为

$$S_{\text{fl,magin}} = \lambda S_{\text{fl,max}} - S_{\text{fl,real}} \tag{6.7}$$

式中：$S_{fl,max}$，$S_{fl,real}$ 分别为馈线 fl 的最大容量和实际消耗复合功率。$\lambda=1-(S_{fl,real}^{peak}-S_{fl,real})/S_{fl,max}$（$\lambda\in(0,1)$）是馈线载流裕度保留因子，通过配置 λ 可缓解负荷波动及 DG 的间隙性，$S_{fl,real}^{peak}$ 是由馈线 fl 提供能量的那部分负荷的负荷记录集中的总峰值负荷。对于计划孤岛恢复，恢复的总负荷应小于等于孤岛内的 DG 容量：

$$\sum_{d\in D_G}S_d \leqslant \sum_{j\in G_G}S_j \tag{6.8}$$

式中：G_G 为 G 内 DG 的集合。

所有分支的复合潮流必须保持在其限制范围之内[179]，即

$$S_l \leqslant S_{l,max} \tag{6.9}$$

式中：S_l 和 $S_{l,max}$ 分别为分支 l 的实际复合潮流和最大允许复合潮流。

③ DG 容量约束：DG 的输出功率必须限定在输出范围之内[200]，即

$$0 \leqslant P_g \leqslant P_{g,max}, 0 \leqslant Q_g \leqslant Q_{g,max} \tag{6.10}$$

式中：P_g 和 Q_g 分别为 DG 实际输出有功和无功功率，$P_{g,max}$ 和 $Q_{g,max}$ 分别为 DG 的最大有功和无功功率。

④计划孤岛恢复操作过程中的 DG 容量约束：如果计划孤岛故障恢复操作前，DG 已经脱网，则逐渐恢复的负荷应该不超过 DG 黑启动后的动态容量限制[144, 221]：

$$\sum P_d \cdot x_{sl} + P_{lossd} \leqslant \sum P_G \cdot x_{sg} \tag{6.11}$$

$$\sum Q_d \cdot x_{sl} + Q_{lossd} \leqslant \sum Q_G \cdot x_{sg} \tag{6.12}$$

式中：P_G，Q_G 分别为 DG 的输出有功和无功功率，P_{lossd}，Q_{lossd} 分别为恢复区的有功和无功损失，x_{sl}，x_{sg} 分别为负荷和 DG 的控制开关状态。

⑤ DG 控制模型约束：计划孤岛应含具有 v–f 控制或下垂控制模式的 DG 节点[222]。

6.3.4 自愈恢复策略

（1）网络重构。如果非故障失电区子网与有效的联络开关相连，则这些子网可通过网络重构恢复电力供应。如图 6.4 所示，以联络开关和 DG 代表子源节点，从母线节点引申出负荷节点并让其代表子汇聚节点，则网络重构问题可转化为网络流问题。

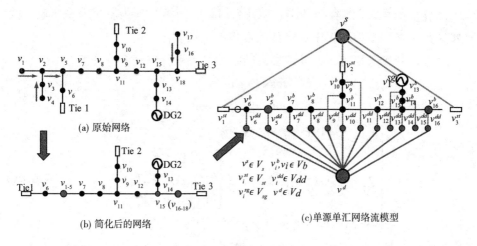

(a) 原始网络

(b) 简化后的网络

(c) 单源单汇网络流模型

图 6.4　网络流模型

①网络简化。网络重构前，原始的非故障失电区子网 [见图 6.4（a）] 可通过分支合并进行简化：任何不含子源节点（联络开关节点和 DG 节点）的分支合并于交叉点，合并节点的负载等于所有合并分支负荷之和，如图 6.4（b）所示。

②网络流模型。在上述简化网络中，添加一个与所有子源节点相连的人工总源节点和一个与所有子汇聚节点相连的人工总汇聚节点，则子网 G 可转化为一个单源单汇网络，即无向加权网络 G_F（$G_F \supset G$）：

$$G_F = (V, E, C) \tag{6.13}$$

式中：V，E 和 C 分别为节点集、边集及边权集（也称网络流容量限制集），相应地，$|V| = n$ 和 $|E| = |C| = m$ 分别为节点、边及边权的数目。$V = (V_s, V_{st}, V_{sg}, V_b, V_{dd}, V_d)$，$V_s$，$V_{st}$，$V_{sg}$，$V_b$，$V_{dd}$ 和 V_d 分别为人工总源节点集、联络开关节点（子汇聚节点）集、DG 节点集、传输节点（母线节点）集、子汇聚节点（负荷节点）集及人工总汇聚节点集，且它们的数目分别为 $|V_s| = |V_d| = 1$，$|V_{st}| = t$，$|V_{sg}| = w$ 和 $|V_b| = |V_{dd}| = k$。节点 V_i 与 V_j 间边（及边权）用 $e(V_i, V_j)$ 或 $e_{i,j}$ 及 $c(V_i, V_j)$ 或 $c_{i,j}$ 表示。边权可表示为

$$c_{i,j} = \begin{cases} \infty, i \in V_s, j \in V_{ss} \ （或 i \in V_{dd}, j \in V_d） \\ S_{fl,margin}, i \in V_{st}, j \in V_b \\ P_{g,max}, i = g \in V_{sg}, j \in V_b \\ S_{l,max}, l = e_{i,j}, i \in V_b, j \in V_b \\ S_{j,load}, i \in V_b, j \in V_{dd} \end{cases} \tag{6.14}$$

式中：$S_{j,\text{load}}$ 为节点 j 的有功功率。式（6.14）中的第二项为联络开关 i 输出的最大复合功率 [式（6.7）中联络开关对应的馈线载流裕度]。

由此，自愈恢复问题可以建模为网络的最大可行流问题，如下：

$$\begin{cases} \max V(f) \\ \min n_{\text{tie-on}} \end{cases} \tag{6.15}$$

$$\text{s.t.} \begin{cases} n_{\text{path},i,x,j} = 1, \ (i,j \in V_{st}, x \in V_s) \\ \displaystyle\sum_{v_j \in V} f(v_i, v_j) - \sum_{v_j \in V} f(v_j, v_i) = \begin{cases} V(f) \ (v_i \in V_s) \\ 0 \quad (v_i \notin V_s, V_d) \\ -V(f) \ (v_i \in V_d) \end{cases} \\ 0 \leqslant f(v_i, v_j) \leqslant c_{i,j}, \ (v_i, v_j, i, j \in V) \end{cases} \tag{6.16}$$

式中：$V(f)$ 是网络可行流，$f(v_i, v_j)$ 或 $f(i,j)$ 为节点 i 与节点 j 间的可行流，$n_{\text{tie-on}}$ 为闭合的联络开关数目，$n_{\text{path},i,x,j}$ 为节点 i 与节点 j 间通过节点 x 的路径数目。

式（6.15）中目标函数对应于式（6.1）和式（6.2）中子目标函数；式（6.16）中第一项对应于式（6.5），为网络的辐射型结构限制条件，第二项代表人工总源节点（总汇聚节点）与其他节点间的最小割集的容量，第三项结合式（6.14）为路径流容量限制，其分别对应于式（6.6）、式（6.7）、式（6.9）和式（6.10）。

③网络重构算法。本章提出的网络流模型中包含两个不同于传统网络流模型的约束条件：a. 网络辐射型配置 [式（6.16）中第一项]；b. 开关操作次数 [式（6.15）中第二项]。很显然，传统的网络流算法如 Ford–Fulkerson（FF）及最短路径 SAP 算法均不能直接应用于以上条件约束的网络流模型。本章通过改进 SAP 算法提出一种网络重构算法，解决上述带额外约束条件的网络流问题。具体算法见算法 1（表 6.1 中伪代码）。

表 6.1　网络重构算法

算法 1：网络重构算法
1：输入：G = (V, E, C)，参数 ii = 0
2：输出：恢复负荷集（D_{G_F}），联络开关状态集（T_{G_F}）
3：采用 BSF 从人工源节点 x_0（$x_0 \in V_s$）开始搜索

4: while (ii ≤ n) do
5: 一个新的节点 v_x 加入当前路径，ii = ii + 1
6: if ($v_x \in V_b$ 且 v_x 与其他路径相连 ($n_{path,i,x,j} > 1$)) then
7: 保持 v_x 与剩余容量最大的路径相连，断开与其他路径的连接；// 辐射型结构约束
8: else if ($v_x \in V_{dd}$ 且满足可行流约束 $f(v_i, v_j) < c(v_i, v_j)$ ($v_j \in V$)) then
9: V(f) = V(f) + $f(v_x, v_y)$；// (v_y ($v_y \in V_b$) 为与 v_x 对应的母线节点
10: else 暂停当前路径搜索
11: end if
12: if (ii ≤ n 且所有路径搜索完成或暂停) then
13: 按照负荷优先级切除 G 中负荷，更新 $f(v_x, v_y)$ 与 V(f) 并重启暂停路径的搜索
14: end if
15: end while
16: for (如存在两条通过联络开关节点 v_i 和 v_j ($v_i, v_j \in V_{st}$) 的路径) do
17: if (这两条路径初始是连接的，且当前其中一条路径的载流裕度大于等于另一条路径的总可行路径流) then
18: 恢复两条路径的连接并断开后者路径中的联络开关；// 最小化开关操作
19: end if
20: end for

（2）计划孤岛。

计划孤岛动态团队（IIDT）形成机制是形成稳定的重新恢复供电孤岛的基础。故障发生后，计划孤岛内的 DG 将黑启动，其中，具有电压 – 频率或下垂可控制能力的 DG 首先黑启动，其次计划孤岛内的负荷按其优先级别顺序启动。在开关操作阶段，这些启动负荷应该不超过 DG 的动态输出容量 [式（6.8）]，且负荷可控开关此时应该可控，以满足电源和负荷间的动态平衡 [式（6.10）和式（6.12）]。详细的计划孤岛算法见算法 2（见表 6.2）。

表 6.2 计划孤岛算法

算法 2：计划孤岛算法
1: 输入：G (IIDT)
2: 输出：启动的 DG 集 (X_c) 与恢复的负荷集 (D_c)

续　表

3:	黑启动 G 中具有下垂可控制能力或 v–f 控制的 DG
4:	while (G 中存在 DG 没有搜索遍历) do
5:	按照预设的优先级，在 G 中添加一个新的 DG
6:	if (对新增的 DG，如式 (6.10) 满足) then
7:	启动该新增 DG 并计算所有已启动的 DG 容量之和 DG ($\sum S_g$)
8:	end if
9:	end while
10:	for (G 中存在负荷节点没有搜索遍历) do
11:	按照负荷优先级选择一个新的负荷节点
12:	if (式 (6.11) 和 (6.12) 满足) then
13:	恢复该新增的负荷并重新计算恢复的负荷之和 ($\sum S_d$)
14:	end if
15:	if (式 (6.8) 满足) continue
16:	else　break
17:	end if
18:	end for

6.3.5　自愈恢复进程

如图 6.5 所示，基于一体化的统一编程框架的自愈恢复过程分为两个阶段：正常操作阶段（故障前）和自愈恢复阶段（故障后）。前者为加速后者提供准备，而后者主要为自愈恢复提供决策。

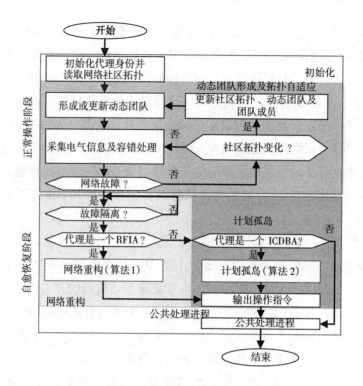

图 6.5　故障恢复处理流程示意图

（1）正常操作阶段。①初始化工作。代理的初始的身份属性配置之后，每个代理从其邻接表中读取并保存社区拓扑结构，并实时采集电气信息。

②动态团队形成及其拓扑自适应。每个代理虚拟其自身为故障隔离代理（FIA），构建或更新其虚拟动态团队并实时采集包括负荷及其优先级、DG 容量及实际输出功率等电气信息。如果其社区拓扑结构发生改变，实时更新其社区结构及其虚拟动态团队。该虚拟动态团队的故障隔离代理依据其团队特性对其动态团队进行分类，如果虚拟动态团队为网络可重构动态团队（NRDT），则该虚拟动态团队的故障隔离代理成为网络可重构故障隔离代理（RFIA，即虚拟团队的领导代理）；如果该虚拟动态团队为计划孤岛动态团队（IIDT），则具有控制模式的 DG 代理（DBA）成为计划孤岛内的虚拟团队领导代理（ICDBA）。需要特别注意的是：这些虚拟团队领导代理（RFIA 或 ICDBA）在正常操作阶段并不具备控制权限。

③通信及数据容错处理。来自通信或代理错误回复的异常数据将导致不恰当甚至错误的自愈恢复决策。因此，在自愈恢复进程中，很有必要考虑通信

及异常数据检测并提供必要的容错处理。本章中，代理间的通信故障采用文献 [223] 提供的通信帧检测方法进行检测，且如果某一代理不能与其所有邻居代理进行通信，则可判定该代理自身通信故障。通信故障下的容错处理操作如下：a. 为了恢复的安全性，其他健康代理视通信故障代理的负荷为固定的不可控负荷，且保守地以其负荷记录集中的峰值负荷代替其实际负荷；b. 如果该通信故障的代理为联络开关母线代理，则它的代理属性将被更新为普通的母线代理，因为该故障代理因通信故障不能获得任何来自决策者的操作指令（不能担任联络开关代理角色）；c. 通信故障代理的控制权将被其下游邻近的健康代理取代。

通常情况下，代理的异常数据源于其相应的电流互感器（CT）故障（断线或饱和）。考虑到代理算力有限，本章中的异常数据将采用一个来自文献 [223] 的 CT 故障检测方法进行检测。本章数据容错处理的方式类似于通信故障下的故障容错，即 CT 故障代理的实际负荷将用其负荷集中的峰值负荷保守代替。此外，任何异常（包括通信、数据及其他异常）状况都将实时上报给配电子站系统。其他异常状态及其处理将在下一节介绍。

（2）自愈恢复阶段。当一个电气故障发生且被隔离后，这些虚拟的 RFIA（或 ICDBA）成为真正的 RFIA（或 ICDBA），将被授予决策权，其他代理进入公共处理进程。

①网络重构。这些真正的 RFIA（网络可重构动态团队的领导代理）运行网络重构算法（算法 1）并输出操作指令。

②计划孤岛。这些真正的 ICDBA（计划孤岛动态团队的领导代理）运行计划孤岛算法（算法 2）并输出操作指令。

③公共处理进程。如果某一代理收到操作指示，则直接执行相关指令操作。如果刚合闸的联络开关两端的电压或频率在一定时间范围内异常，则再次断开该刚合闸的联络开关以保证健康区域的供电安全与可靠。

④操作输出规则。DG 在智能配电系统中的高度渗透，使得在故障恢复策略中考虑 DG 有关的反孤岛检测及低电压穿越成为必要。但这两个互不兼容的功能对 DG 的输出操作、负荷切除及恢复负荷的网络连接均有影响 [222]。通常情况下，具备反孤岛功能的 DG 在故障发生后的 0.12~2 s 时间范围内要求与主网脱离 [220]。而具备低电压穿越功能的 DG 必须能够在低于 90% 额定电压的情况下连续运行 3 s，且在低于 90% 额定电压的情况下必须在 0.625 s 的时间内

保持与主网相连 [182, 183]。因此，网络重构与计划孤岛相关的操作输出规则必须综合考虑前述的反孤岛功能及低电压穿越功能。

规则 1（网络重构优化解输出操作规则）：如果非故障失电区不含 DG 或 DG 具备低电压穿越功能，先切除负荷（如不需要切负荷此步骤省略）再闭合联络开关；如果含 DG 且 DG 具备孤岛检测保护功能，则先切除解集需切除的负荷（如不需要切负荷此步骤省略）；再切除受 DG 反孤岛功能影响的负荷；然后闭合联络开关；接着 DG 并网；最后并网因 DG 反孤岛功能而切除的负荷。

规则 2（计划孤岛优化解输出操作规则）：如 DG 具备低电压穿越功能，直接切除负荷（如不需要切负荷此步骤省略）；如果 DG 具备孤岛检测保护功能，先断开所有可控的负荷开关，再黑启动 DG（选取最大容量的 DG 作为平衡节点先启动，再依据预制的启动路径依次启动其他 DG）；按负荷优先级逐步并入负荷直至负荷总数等于 DG 功率总量。

6.4 仿真实验

下面采用中国台湾某配电网（Taiwan Power Company，TPC）和中国某城市配电网（China City Power Company，CCPC）测试本章的完全分布式的多代理自愈恢复策略（FDMAS）。前者采用 MALAB（R2015b 版本）和 JADE（4.3.3 版本）[224] 的仿真测试，后者采用由团队自主开发的代理 [智能电气设备（IED）] 和基于 IEC 6185 协议的通信系统组成的完全分布式的多代理系统进行动模实验。

6.4.1 TPC 配电网

TPC 84 节点配电系统由 11 条馈线和 94 条分支组成，其额定电压为 11.4 kV，母线电压的允许波动范围为 ±8%，馈线最大输出功率为 5000 kV·A。三相负载和 DG 安装容量可分别见文献 [225] 和文献 [186]，且假设所有的 DG 均具备低电压穿越功能。TPC 配电网的社区划分结果显示于图 6.6。为了比较，分布式的计划孤岛恢复方法（decentralized islanding restoration，DIR）[184]、集中式的锥优化方法（centralized cone programing，CCP）[186]、分布式的基于专家规则的方法（decentralized expert–rules，DER）[168]、分布式的基于启发规则的方法（decentralized heuristic rules，DHR）[202] 及集中式的和声搜索算法（centralized harmony search，CHS）[144]也一并用于配电网的自愈恢复测试。其中，CCP、DER 和 DHR 仅用于网络重构，DIR 仅用于计划孤岛，CHS 自愈恢复策略用于网络重构和计划孤岛。

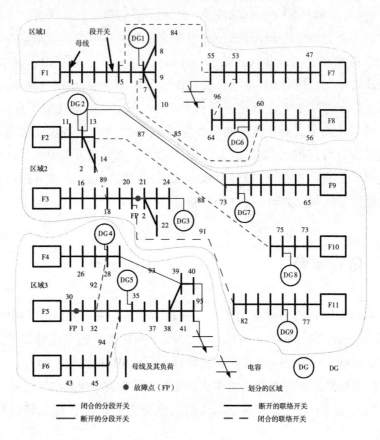

图 6.6　TPC 配电网

（1）算例 1：网络重构。

场景 1（固定的负荷和恒功率输出的 DG）：故障线路为 30~31。故障前，非故障失电区总负荷为 4024 kV，馈线 F4 和 F6 的实际载流裕度分别为 2214 kV·A 和 3145 kV·A。故障后，31 号代理通过网络重构算法（算法 1）做出决策，并依据规则 1 输出相应的操作。①切除 32 号母线的负荷（70 kV·A）；②断开 32~33 开关，将非故障失电区划分为两个部分；③闭合 92 号和 94 号联络开关，分别恢复两个划分好的非故障失电区的电力供应。网络重构测试的实验结果显示于图 6.7（a）、图 6.7（b）和表 6.3。很显然，对固定负荷及恒定输出 DG 的配电网而言，五种用于重构的方法（CCP [186]、CHS [144]、DER [168]、DHR [202] 及 FDMAS）均能很好地实现非故障失电区的负荷恢复。相比 CCP 及 CHS 这两种集中式的方法，本章的 FDMAS 策略在负荷损失方面的性能与之相同或稍优于这两种算法；另外，FDMAS 策略因采用缩减模型和低电压穿越相关规则，在开关操作次数、计算及恢复时间方面明显优于这两种集中式的方法。此外，FDMAS 策略在最大化负荷恢复、开关次数、计算及恢复时间方面的性能全面优于分布式的 DER 和 DHR 方法。这是因为 FDMAS 策略采用了缩减模型、基于网络流理论的重构算法、更少的信息迭代次数及故障前的信息准备工作。

场景 2（负荷波动）：这个场景故障线路与场景 1 一样，但考虑了负荷的波动。此场景中的负荷从 90% 到 120% 以步进 10% 进行波动，图 6.7（c）和表 6.3 给出了仿真结果。从图 6.7（c）可知，当负荷向下或向上波动时，FDMAS 策略下的网络重构无约束条件违反现象发生。这是因为，以近期记录集中的峰值负荷为基础，通过调整馈线载流裕度保留因子，FDMAS 策略能很好地缓解负荷波动的影响。其他四种重构方法（CCP、DER、DHR 及 CHS）在负荷向下波动或向上波动的幅值小于重构馈线的载流裕度时，对重构后的配电系统并无影响。然而，当负荷向上波动的幅值大于馈线载流裕度时，CCP、DER、DHR 及 CHS 算法重构后的 TPC 配电系统将与其约束条件相违背，这是因为这四种算法并没有考虑负荷波动。例如，在图 6.7（c）中，当负荷波动从 100% 波动到 110% 时，采用 CCP、DER、DHR 及 CHS 方法重构后的 TPC 配电系统的部分馈线及分支潮流明显越界，超过了其最大允许传输功率。

场景 3（DG 波动）：该场景主要测试 DG 的间歇性波动对网络重构的影响，故障线路与场景 1 一样。测试中，DG 从其安装容量的 50% 到 150% 以步进 50% 进行波动 [186]。其相应的测试结果显示于表 6.3 和图 6.7（d）。类似于场景 2，FDMAS 恢复策略借助于 DG 输出记录集提供了一定比例的载流裕度，缓解 DG 波动的影响，即采用本章的 FDMAS 策略重构后的 TPC 配电网不违反约束条件。相反，当 DG 波动时这种现象可能发生于采用其他重构方法（CCP、DER、DHR 及 CHS）进行重构的配电系统。例如，如图 6.7（d）所示，当 TPC 配电系统中的 DG5 从 100% 向下波动到 50% 时，其他方法下的部分馈线及分支潮流发生越界现象。

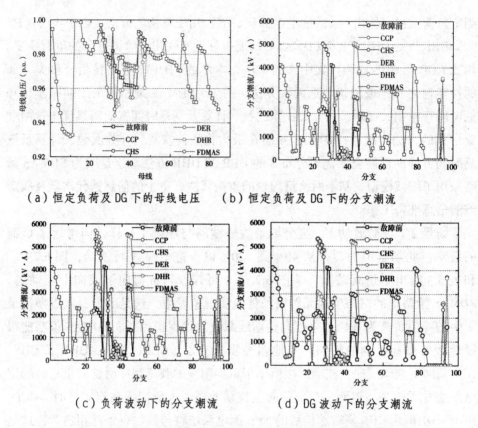

（a）恒定负荷及 DG 下的母线电压　　（b）恒定负荷及 DG 下的分支潮流

（c）负荷波动下的分支潮流　　　　（d）DG 波动下的分支潮流

图 6.7　TPC 配电网重构后的节点电压和分支潮流分布

表 6.3　TPC 配电网测试结果及其比较

故障分支	方法	波动的负荷/DG/%	λ	开关断开	开关闭合	开关次数	负荷损失/%	计算时间/s	恢复时间/s	约束条件违反情况
30~31	FDMAS	90/100	0	30~31, 32~33	28~32, 34~46	5	1.41	0.26	0.38	否
	FDMAS	110	0.90	30~31, 32~33	28~32, 34~46	6	2.41	0.26	0.38	否
	FDMAS	120	0.80	30~31, 32~33	28~32, 34~46	6	3.41	0.27	0.39	否
	CCP[186]	90/100/110/120	—	30~31, 32~33	28~32, 34~46	7	1.41	1.74	2.13	否 (90/100), 是 (110/120)
	DER[168]	90/100/110/120	—	30~31, 35~36, 38~39	29~39, 32~38, 34~46	10	1.92	3.53	4.35	否 (90/100), 是 (110/120)
	DHR[202]	90/100/110/120	—	30~31, 35~36	29~39, 34~46	8	1.97	2.86	3.77	否 (90/100), 是 (110/120)
	CHS[144]	90/100/110/120	—	30~31, 35~36	29~39, 34~46	7	1.46	9.81	11.3	否 (90/100), 是 (110/120)
	FDMAS	50 (DG)	0.95	30~31, 32~33	28~32, 34~46	6	1.41	0.26	0.39	否
	FDMAS	100/150(DG)	—	30~31, 32~33	28~32, 34~46	6	1.41	0.26	0.38	否

续 表

故障分支	方法	波动的负荷/DG/%	λ	开关断开	开关闭合	开关次数	负荷损失/%	计算时间/s	恢复时间/s	约束条件违反情况
30~31	CCP[186]	90/100/110/120(DG)	—	30~31, 32~33	28~32, 34~46	7	1.41	1.74	2.25	否(90/100), 是(110/120)
	DER[168]	90/100/110/120(DG)	—	30~31, 35~36, 38~39	29~39, 32~38, 34~46	10	1.92	3.52	4.30	否(90/100), 是(110/120)
	DHR[202]	50/100/150(DG)	—	30~31, 35~36	29~39, 34~46	8	1.97	2.86	3.82	否(150/100), 是(50)
	CHS[144]	50/100/150(DG)	—	30~31, 35~36	29~39, 34~46	7	1.46	9.81	11.3	否(150/100), 是(50)
20~21	DIR[184]	—	—	20~21	否	3	0	2.47	3.18	否
	CHS[144]	—	—	20~21	否	3	0	3.89	5.41	否

从上述三个场景可知，采用 FDMAS 策略重构后的网络在负荷及 DG 固定或波动情况下均能正常运行。然而，精准预测负荷或 DG 的间歇性波动极其困难 [187]。因此，在实际应用中采用本章的 FDMAS 策略时，保留因子（λ）也可采用其他更为精确的负荷或 DG 预测算法 [184, 200] 替代本章中采用的近期负荷或 DG 波动记录集进行设置，这或许能取得更好的效果。

（2）算例 2：计划孤岛。

这个算例中的故障线路为 20~21。故障隔离后，21 号代理（作为一个故障隔离代理 FIA）探测到计划孤岛条件满足，转移其决策权予 24 号代理（DG3 代理）。因 DG3 的容量远大于孤岛范围内的总负荷（693 kV·A），24 号代理作为一个具有电压 – 频率或下垂控制能力的分布式电源母线代理 ICDBA，采用计划孤岛算法（算法 2）做出以下决策：按照规则 2 不脱离负荷直接由 DG3 恢复孤岛供电。如图 6.8 所示，采用 FDMAS 策略、DIR 及 CHS 方法恢复供电后，计划孤岛的节点电压及分支电流均正常，但相比 DIR 及 CHS 方法，FDMAS 策略在开关操作次数及恢复时间方面的性能更优。这是因为 FDMAS 恢复策略采用了低电压穿越的相关操作规则、更少的信息迭代次数以及故障前的信息准备工作。

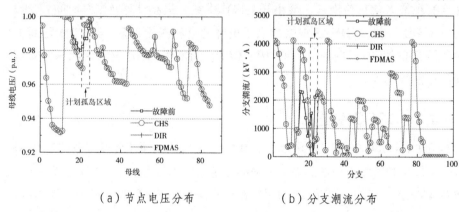

（a）节点电压分布　　　　　　　（b）分支潮流分布

图 6.8　TPC 配电网计划孤岛自愈恢复后的节点电压和分支潮流分布

最后，采用第 2 章中的弹性归一化度量方法对响应与恢复弹性提升性能进行评估。在与其他方法进行比较时，考虑到可比性，上述算例中仅考虑负荷和 DG 固定的场景。依据表 6.3 的结果及负荷信息，首先，将应力（恢复力）和系统功能采用第 2 章中的表征方法分别量化为重构开关动作的负荷和系统在不同时间段内正常工作的总负荷占初始总负荷的比例；其次，通过式（2.15）和式（2.17）计算响应与恢复弹性；最后，采用归一化度量方法 [式（2.25）和式（2.26）] 对各种方法的响应与恢复弹性提升性能进行评估，评估结果显示于表 6.4。上述计算中采用梯形法进行数值积分计算且测试中总负荷仅考虑 F5 和 F3 分支，算例 1 中的归一化时间统一取 12 s（大于 FDMAS、CCP、DER、DHR 及 CHS 中任意方法的响应与恢复时间），算例 2 中的归一化时间统一取 6 s（大于 FDMAS、DIR 及 CHS 中任意方法的响应与恢复时间）。表 6.4 显示，相比其他方法（DIR、CCP、DER、DHR 及 CHS），FDMAS 策略的弹性提升效果最优。

表 6.4 TPC 配电网的响应与恢复弹性提升性能比较

响应与恢复弹性	FDMAS	CCP [186]	DER [168]	DHR [202]	CHS [144]	DIR [184]
算例 1（30~31）	0.96	0.83	0.66	0.71	0.12	—
算例 2（20~21）	0.98	—	—	—	0.23	0.53

从上述算例可知，FDMAS 恢复策略有如下几个优点：①相比 DIR、CCP、DER、DHR 及 CHS 方法，FDMAS 策略的响应与恢复弹性提升效果最优，体现为能实现最大化负荷恢复、最小开关操作次数、最小计算及恢复时间；②针对负荷及 DG 波动，FDMAS 策略提供了更好的自愈恢复方案；③ FDMAS 综合考虑了网络重构和计划孤岛，而 DIR、CCP、DER 及 DHR 仅考虑网络重构或计划孤岛恢复模式。

6.4.2 CCPC 配电网

本节中，CCPC 22 节点配电网 [见图 6.9（a）] 主要用于测试本章的 FDMAS 策略的可行性和实践应用性。该配电网的额定电压和最大传输容量分别为 10 kV 和 2000 kV·A，三相负载和 DG 容量显示于表 6.5。为了测试安全，该 10 kV CCPC 配电系统被负荷、DG 容量及分支线路传输容量按比例缩小至原来的 1/1000，额定相电压为 220 V 的配电系统取代。图 6.9（b）为动模测试平台。

算例 3：动模测试。

在正常操作阶段，每个代理按照缩减模型形成一个动态团队，其中代理 BA14 作为一个虚拟的可重构故障隔离代理，构建了一个由代理 BA10 ~ BA14、代理 TBA2 和代理 TBA3 组成的动态团队。接着，虚拟领导代理 BA14 为将来出现的故障做服务恢复所需的信息准备工作：代理 BA14 与团队内成员通信，通过一次信息迭代获取团队内成员的负荷信息及馈线 F2 和 F5 载流裕度。其中代理 TBA2 和 TBA3 与代理 FBA2 和 FBA5 通信获取其对应的馈线 F2 和 F5 的载流裕度。

故障 FP1 在 $T_1 = 0.092$ s 时刻发生后，开关 K35 和 K36 在 $T_2 = 0.149$ s 时刻通过电流差动保护隔离故障，故障于 $T_3 = 0.228$ s 时刻被清除，相关录波的波形显示于图 6.9（c）。故障隔离后，代理 BA14 作为故障点下游的故障隔离代理，成了真正的可重构故障隔离代理 RFIA，被授予重构决策权。在这个算例中，因为非故障失电区的总负荷大于任意一条馈线（F2 和 F5）的载流裕度，不可能通过闭合单一的联络开关对非故障失电区进行自愈恢复。所以代理 BA14 基于故障前采集的信息通过网络重构算法（算法 1）做出决策并输出相应的操作：①在 $T_4 = 0.443$ s 时刻断开开关 K29（分支 13~14）将非故障失电区划分为两个区域（BA10~BA11 区和 BA12~BA14 区）；② K29 跳闸到位后，闭合联络开关 TS2 和 TS3，于 $T_5 = 0.498$ s 时刻几乎同时恢复上述已划分好的非故障失电区的电力供应。最终，非故障区负荷于 $T_6 = 0.541$ s 时刻恢复电力供应。

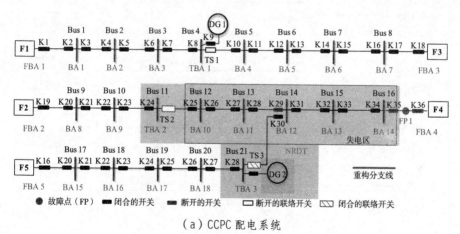

（a）CCPC 配电系统

图 6.9　CCPC 配电系统的网络重构动模实验

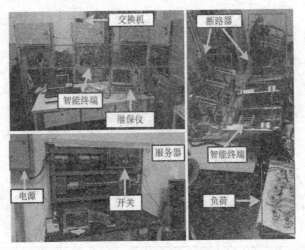

（b）测试平台

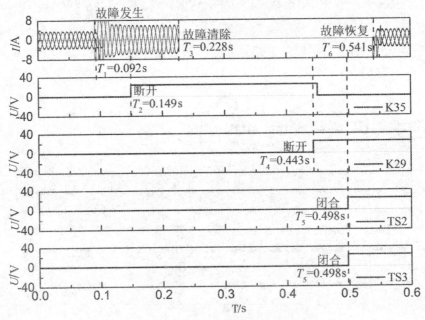

（c）网络重构电流及开关继电器动作录波

图 6.9　CCPC 配电系统的网络重构动模实验（续）

表 6.5　CCPC 配电系统母线负荷及 DG 容量

母线 /DG	P/Q/kW	母线 /DG	P/Q/kW	母线 /DG	P/Q/kW
0	0/0	8	100/50	16	200/140
1	200/100	9	200/160	17	50/30
2	300/200	10	500/400	18	200/140
3	350/250	11	500/300	19	300/230
4	400/320	12	100/50	20	200/100
5	300/200	13	300/200	21	500/300
6	300/230	14	300/150	DG1	200/150
7	300/260	15	200/180	DG2	400/300

在上述自愈恢复的整个过程中，故障清除时间为 0.136 s。整个故障恢复时间（从故障发生到负荷恢复）为 0.449 s。需要注意的是，因更高等级电压下的电弧对断路器的跳闸操作有影响，上述故障恢复时间在更高等级电压环境下可能会稍长。由算例 3 可知，本章 FDMAS 策略具有快速性和可行性，能应用于实际的配电系统。

由上述算例及其测试结果（见图 6.7、图 6.8、图 6.9 及表 6.3）可得如下结果：①基于网络流模型，FDMAS 策略能以最小开关操作次数最大化非故障失电区负荷的电力恢复；②采用缩减模型，FDMAS 策略在恢复的计算时间和恢复时间方面的性能优于其他方法（DIR、CCP、DER、DHR 和 CHS）；③相比其他方法，FDMAS 策略的响应恢复弹性提升性能（综合性能）最优；④结合参数的调整，FDMAS 策略可显著缓解负荷及 DG 波动的影响；⑤ FDMAS 策略采用一体化编程框架，可在现实的配电网中推广与应用。

6.5　本章小结

本章提出了一种基于分布式多代理自愈控制的响应与恢复弹性提升方法（FDMAS），其融合了计划孤岛和网络重构，可对配电网进行自愈恢复，能显著提升配电网的响应与恢复弹性。首先，将自愈恢复问题数学表述为一个多目标优化问题，并采用网络重构和计划孤岛算法解决这个多目标优化问题；其次，组建了一种新颖的缩减模型，降低优化问题的计算维度；再次，提出一种基于网络流模型的网络重构算法，并通过参数的调整显著缓解负荷及 DG 间歇性波动的影响；然后，采用一种针对不同身份属性代理的统一编程框架，使得各代理能依据自身的身份属性及故障点位置，自主执行与其对应的任务，并最终通过各代理间的分工协作实现自愈恢复目标；最后，采用 TPC 和 CCPC 配电网进行仿真和动模测试，测试结果表明，与其他自愈方法（DIR、CCP、DER、DHR 和 CHS）相比，本章的 FDMAS 策略能显著提升配电网的响应与恢复弹性，在最大化负荷恢复、开关次数、计算时间、恢复时间以及对负荷及分布式电源波动的抑制等方面的性能最优。良好的响应与恢复弹性提升性能和统一编程架构表明 FDMAS 策略具有良好的工程适用性和推广价值。

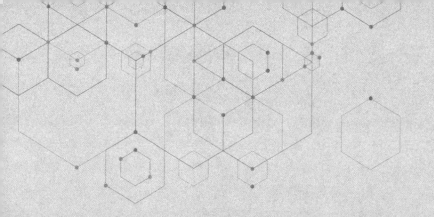

结论与展望

智能电网是电网的发展趋势，提升智能电网弹性并不是追求建立一种完美的系统来对抗攻击，而是综合运用防御、侦查、自适应、操作响应与设计策略及技术来动态响应当前和未来的扰动或攻击事件，使得智能电网能更好地应对小概率及高损失极端事件，将事件影响及其范围最小化并具备快速恢复电力供应的能力。本书基于智能自治和自愈恢复理念，综合运用系统弹性理论、复杂系统理论以及优化控制理论和方法，对电力网络弹性量化表征与度量方法，拓扑结构特性分析与关键节点及边快速辨识方法，拓扑弹性优化理论与方法，系统弹性中的吸收弹性、响应与恢复弹性提升方法等进行深入研究，力求形成一套覆盖事故处理全过程的电力网络拓扑优化与弹性提升理论、方法及控制技术体系，为智能弹性网络提供快速、准确、可靠的控制决策和技术支持，提升电力系统应对重大灾变和突发事件的能力。本书研究成果概括为以下五个主要部分：

（1）提出电力网络弹性量化表征与度量方法。为便于定性和精确定量地评估电力网络弹性性能，提出了电力网络弹性量化表征与度量方法。首先，将电力网络映射到物理弹性系统，对电力网络弹性相关的应力、应变、弹性系数、弹性势能及余能等进行量化定义与表征。其次，在此基础上，从能量角度分别提出了电力网络拓扑弹性和系统弹性的度量方法。最后，采用两个实际电网和一个配电网对拓扑弹性与系统弹性度量指标分别进行测试。仿真与实验测试结果表明：弹性形变范围内的总弹性势能可充分表征和度量电力网络拓扑弹性，系统弹性度量方法能从能量角度从系统性能、应变及时间三个维度对系统弹性性能进行综合量化量测。相比传统的复杂系统弹性量测指标，本书提出的弹性量化表征与度量方法能更全面和更综合地度量电力网络拓扑弹性和系统弹性性能且物理意义明确，可为电网弹性系统设计、拓扑和系统弹性优化与控制方法及技术奠定理论基础。

（2）提出了一种电力网络拓扑弹性优化方法。首先，基于图论及复杂网络理论深入剖析电力网络拓扑结构特性，提出一种关键节点及边快速辨识方法。其次，研究分析电网通用拓扑结构特性并重点剖析了电力网络的社团化（模块化）与层次化的拓扑特征，揭示了电网社团间及层级间的自相似特征、层－核结构特性、能量传输的层级距离特性以及高层子网在桥接各社团中的关键作用。然后，在此基础上，构筑电力网络节点及边介数的社团化与层次化的分解模型。最后，提出一种电网介数中心性分解快速计算方法，采用自定义的定理进行严格推理并论证了其显著降低介数计算复杂度的有效性。该研究可为电力网络拓扑优化和拓扑弹性提升提供研究基础。

（3）提出了一种针对恶意攻击的电力网络拓扑弹性优化方法，其通过一种后验性的加边方式改进电力网络拓扑结构，能最大化提升恶意攻击下的拓扑弹性。首先，依据复杂网络理论和恶意攻击下的电力网络解列崩溃机理，构建电力网络拓扑弹性理论优化模型；然后，通过理论分析和推导框定最大化拓扑弹性提升途径，并论证该方法的严格有效性；最后，提出一种后验性的拓扑弹性优化算法，实现电力网络拓扑弹性最大化提升，达到缓解恶意攻击的目的。算例研究表明，该方法能最大限度地提升电力网络及随机网络的拓扑弹性性能且能很好地维持其原有网络拓扑功能不变。在实际应用中，有必要平衡拓扑弹性优化成本与优化效果，以便找到最佳折中方案。此外，该方法及其相关理论可用于指导网络弹性系统的设计和为故障下的基础设施系统提供自我修复和重构恢复的解决方案。

（4）提出了一种基于对等式网络保护的电力网络吸收弹性提升方法。电力网络系统弹性分为吸收弹性、响应与恢复弹性，涉及故障阶段、稳定平衡阶段和自愈恢复阶段，且其弹性行为均需借助信息系统进行弹性控制。为提升电网的吸收弹性性能，提出一种基于对等式通信网络保护方法。首先，依据电流差动保护原理并通过调整启动电流阈值躲过负荷电流，实现故障定位。其次，提出一种设备故障检测方法，旨在正常操作阶段通过诊断设备故障预测故障条件下故障设备相关的主保护状态，故障发生后，闭锁预测失效的主保护并立即启动后备保护代替预测失效的主保护，加速电气故障的隔离。最后，提出对等式网络保护方法，通过快速故障定位与隔离以及隔离范围的最小化处理，有效提升电网吸收弹性。

（5）提出了一种基于完全分布式多代理自愈控制的响应与恢复弹性提升方法，其融合了计划孤岛和网络重构，可对配电网进行自愈恢复，能显著提升电网响应与恢复弹性。首先，将自愈恢复问题数学表述为一个多目标优化问题；其次，组建了一种新颖的缩减模型降低优化问题的计算维度；最后，提出网络重构和计划孤岛算法解决上述多目标优化问题，且通过参数的调整显著缓解负荷及 DG 间歇性波动的影响。整个弹性提升控制过程采用一种统一编程框架，使得各代理能依据自身的身份属性及故障点位置自主执行与其对应的任务，并最终通过各代理间的分工协作实现自愈恢复。实际配电网仿真和动模测试结果表明，该响应与恢复弹性提升方法通过最大化负荷恢复、最小化开关次数及计算与恢复时间，能显著提升配电网响应与恢复弹性。在实际应用中，可将上述分布式的吸收弹性提升方法和响应及恢复弹性提升方法，采用更统一的编程框架合并为一体，作为电力网络系统弹性提升方法。其覆盖故障处理全过程，具有良好的工程应用价值。

电力网络拓扑与弹性优化理论及方法的研究内容丰富，涉及的研究范围广泛，本书虽做了一些方面的研究工作并取得了一定的研究成果，但仍存在诸多值得深入研究的问题有待今后在学习和工作中进一步开展研究，主要包括以下几个方面。

（1）权重化的电力网络的拓扑弹性表征和度量方法研究。一方面，电力网络是一种异构性（非均匀性）的网络，这种结构上的异构性决定了其在不同攻击模式下的弹性的异同性；另一方面，对于任意给定的电力网络，其拓扑弹性是一定的。以当前的拓扑弹性量化表征与度量方法对电力拓扑弹性进行量测，上述两个方面存在一定的矛盾。因此，如何对异构性的电力网络中的节点采用负荷、潮流或潮流转移造成的影响对其进行权重化处理，进而对不同攻击模式下的外部作用力进行权重化定义和量化，力求通过权重化处理解决上述矛盾，是一个值得深入研究的问题。

（2）结合电力网络能级结构特性并考虑综合优化成本下的拓扑弹性优化研究。在拓扑结构分析的基础上，再深层次地考虑潮流在社团间及不同电压层级线路间的传输特性及传播转移机理，进而辨识社团间与层级间的关键（或称脆弱性）线路及节点。在此基础上，考虑这些关键（或脆弱性）线路（或边）失效下如何增加线路（联络开关形式或柔性传输形式的边）并综合考虑优化成本（线路的地理距离、电压等级及电力电子化成本），提出一种更综合的数学优化模型对电力网络拓扑进行全局优化，以最大化电力网络拓扑弹性，并探讨如何找到一种针对不同恶意攻击模式的通用拓扑弹性优化方法，是一个具有挑战性的科学问题。

（3）综合各种因素的吸收弹性提升方法及其平衡稳定性判据研究。电力网络的吸收弹性不仅与故障定位和隔离有关，还涉及故障隔离后的相继故障扩散，以及与之相应的电压与频率稳定性控制问题。在本书吸收弹性研究的基础上，充分考虑隔离后的潮流转移导致相继故障传播机理、频率振荡和（或）电压失衡机理，提出一种综合的吸收弹性提升方法并考虑弹性振荡和平衡稳定性判据，是一项极具挑战性的研究。

（4）基于完全分布多代理的覆盖事故处理全过程的系统弹性（包含吸收、响应与恢复弹性）综合优化策略和控制技术研究，以及集中式与分布式相结合的系统弹性综合优化与控制方法研究。

创建覆盖电力网络弹性吸收、响应及恢复全过程的基于多智能体的完全分布式的弹性优化控制架构；提出一种多目标、多约束的一体化的弹性优化数学模型和相应的控制策略；最终形成一套完整的覆盖事故处理全过程的完全分布式的弹性综合优化策略、控制技术与性能评估体系。在此基础上，充分考虑集中式与分布式控制技术的优缺点，取长补短，将集中式与分布式互补结合对系统弹性综合优化与控制理论及方法展开研究。这些都是值得继续深入研究的基础课题。

（5）信息－物理系统（CPS）弹性度量方法及信息攻击下的信息－物理系统弹性行为研究。近年来，全球接连发生信息攻击下的大停电事故，有必要综合考虑信息－物理系统的弹性行为。现代智能电网是由物理电网和信息控制网耦合而成的二元复合网络。二元耦合信息－物理系统的弹性量化表征与度量（特别是信息网络的系统弹性表征、度量及弹性行为），以及信息－物理系统的弹性提升理论与方法以及相应的综合控制策略等都有待进一步研究。

参考文献

[1] 吴克河, 王继业, 李为, 等. 面向能源互联网的新一代电力系统运行模式研究 [J]. 中国电机工程学报, 2019, 39(4): 966-979.

[2] BULDYREV S V, PARSHANI R, POUL G, et al. Catastrophic cascade of failures in interdependent networks [J]. Nature (London), 2010, 464 (15): 1025-1028.

[3] 梅生伟, 王莹莹, 陈来军. 从复杂网络视角评述智能电网信息安全研究现状及若干展望 [J]. 高电压技术, 2011, 37(3): 672-679.

[4] 郭嘉, 韩宇奇, 郭创新, 等. 考虑监视与控制功能的电网信息物理系统可靠性评估 [J]. 中国电机工程学报, 2016, 36(8): 2123-2130.

[5] 国家电网互联网部. 泛在电力物联网建设大纲 [EB/OL].(2019-03-14)[2019-10-15]. http://www.tanjiaoyi.com/article-26265-1.html.

[6] 韦晓广, 高仕斌, 臧天磊, 等. 社会能源互联网: 概念、架构和展望 [J]. 中国电机工程学报, 2018, 38(17): 4969-4986+5295.

[7] 丁涛, 牟晨璐, 别朝红, 等. 能源互联网及其优化运行研究现状综述 [J]. 中国电机工程学报, 2018, 38(15): 4318-4328+4632.

[8] 刘念, 余星火, 张建华. 网络协同攻击: 乌克兰停电事件的推演与启示 [J]. 电力系统自动化, 2016, 40(6): 144-147.

[9] 网易新闻. 警钟长鸣! 委内瑞拉再遭网络攻击大规模停电! [EB/OL].（2019-03-12）[2020-01-03]. http://dy.163.com/v2/article/detail/EA0MJTKE0512EO4N.html.

[10] 曾辉, 孙峰, 李铁, 等. 澳大利亚"9·28"大停电事故分析及对中国启示 [J]. 电力系统自动化, 2017, 41(13): 1-6.

[11] 易俊, 卜广全, 郭强, 等. 巴西"3·21"大停电事故分析及对中国电网的启示 [J]. 电力系统自动化, 2019, 43(02): 1-9.

[12] 赵博石, 胡泽春, 宋永华. 考虑 N-1 安全约束的含可再生能源输电网结构鲁棒优化 [J]. 电力系统自动化, 2019, 43(4): 16-24.

[13]　别朝红，林雁翎，邱爱慈. 弹性电网及其恢复力的基本概念与研究展望 [J]. 电力系统自动化，2015, 39(22): 1-9.

[14]　印永华，郭剑波，赵建军，等. 美加 "8.14" 大停电事故初步分析以及应吸取的教训 [J]. 电网技术，2003, 27(10): 8-11.

[15]　邵德军，尹项根，陈庆前，等. 2008 年冰雪灾害对我国南方地区电网的影响分析 [J]. 电网技术，2009, 33(5): 38-43.

[16]　史兴华. 南澳大利亚州大停电启示 [J]. 国家电网，2017, 1(162): 58-61.

[17]　葛睿，王坤，王轶禹，等. "9.28" 及 "2.8" 南澳大利亚电网大停电事件对我国电网调度运行的启示 [J]. 电器工业，2017(8): 66-71.

[18]　舒隽，郭志锋，韩冰. 电网虚假数据注入攻击的双层优化模型 [J]. 电力系统自动化，2019, 43(10): 95-100.

[19]　HOLLING C S. Resilience and stability of ecological systems [J]. Annual review of ecology and systematics, 1973, 4(1): 1-23.

[20]　TURNQUIST M, VUGRIN E. Design for resilience in infrastructure distribution networks [J]. Environ. Syst. Decis, 2013, 33(1): 104-120.

[21]　ROYCE F, BEHAILU B. A metric and frameworks for resilience analysis of engineered and infrastructure systems [J]. Reliab. Eng. Syst. Safe, 2014, 121(121): 90-103.

[22]　ZOBEL C W, KHANSA L. Quantifying cyberinfrastructure resilience against multi-event attacks [J]. Decision Sciences, 2012, 43(4): 687-710.

[23]　ALDERSON D L, BROWN G G, CARLYLE W M. Operational models of infrastructure resilience [J]. Risk Anal., 2015, 35(4): 562.

[24]　IP W H, WANG D. Resilience and friability of transportation networks evaluation, analysis and optimization [J]. IEEE Syst. J., 2011, 5(2): 189.

[25]　ZHAO K, KUMAR A, HARRISON T P, et al. Analyzing the resilience of complex supply network topologies against random and targeted disruptions [J]. IEEE Syst. J., 2011, 5(1): 28-39.

[26]　MENDONCA D, WALLACE W A. Factors underlying organizational resilience: the case of electric power restoration in New York City after 11 September 2001 [J]. Reliab. Eng. Syst. Safe, 2015(141): 83-91.

[27]　GAO J, BARZEL B, BARABASI A L. Universal resilience of patterns in complex networks [J]. Nature, 2016, 530(7590): 307-312.

[28]   LEN F. More than 70 ways to show resilience [J]. Nature, 2015, 518(7537): 35.

[29]   BHAMRA R, DANI S, BURNARD K. Resilience: the concept, a literature review and future directions [J]. Int. J. Prod. Res, 2011, 49(18): 5375-5393.

[30]   DESSAVRE D, RAMIREZ-MARQUEZ J, Barker K. Multidimensional approach to complex system resilience analysis [J]. Reliab. Eng. Syst. Saf, 2016 (149): 34-43.

[31]   HUY T T, MICHAEL B, JEAN C D, et al. A framework for the quantitative assessment of performance-based system resilience [J]. Reliab. Eng. Syst. Safe, 2017(158): 73-84.

[32]   KOZINE I, PETRENJ B, TRUCCO P. Resilience capacities assessment for critical infrastructures disruption: the READ framework (part 1)[J]. Int. J. Critical Infrastructures, 2018, 14(3):199-220.

[33]   HOLLNAGEL E, WOODS D D, LEVESON N. Resilience engineering: concepts and precepts [M]. Aldershot, UK: Ashgate, 2006.

[34]   HENRY D, EMMANUEL R-M J. Generic metrics and quantitative approaches for system resilience as a function of time [J]. Reliab. Eng. Syst. Safe, 2012(99): 114-122.

[35]   T. N. A. of sciences. Disaster resilience: a national imperative [M]. Washington, DC: The National Academies Press, Washington, DC, 2012.

[36]   LINKOV I, EISENBERG D A, BATES M E, et al. Measurable resilience for actionable policy [J]. Environ. Sci. Technol. 2013, 47(18): 10108-10110.

[37]   FOX-LENT C, BATES M E, LINKOV I. A matrix approach to community resilience assessment: an illustrative case at rockaway peninsula [J]. Environ. Syst. Decis, 2015, 35(2): 209-218.

[38]   UDAY P, MARAIS K. Designing resilient systems-of-systems: a survey of metrics, methods, and challenges [J]. Syst. Eng., 2015, 18(5): 491-510.

[39]   HAIMES Y Y. On the definition of resilience in systems[J]. Risk Anal., 2009, 29(4): 498-501.

[40]   ALDERSON D L, DOYLE J C. Contrasting views of complexity and their implications for network-centric infrastructures [J]. IEEE Trans. Syst. Man. Cyber-Part A Syst. Hum., 2010, 40(4): 839-852.

[41]   BRUNEAU M, CHANG S E, EGUCHI R T, et al. A framework to quantitatively assess and enhance the science the seismic resilience of communities [J]. Earthq. Spectra, 2003, 19(4): 733-752.

[42]   ZOBEL C W. Representing perceived tradeoffs in defining disaster resilience [J]. Decis. Support. Syst., 2011, 50(2): 394-403.

[43]   ZOBEL C W, KHANSA L. Characterizing multi-event disaster resilience [J]. Comput. Oper. Res., 2014(42): 83-94.

[44]   BARKER K, RAMIREZ-MARQUEZ J E, ROCCO C M. Resilience-based network component importance measure [J]. Reliab. Eng. Syst. Saf., 2013(117): 89-97.

[45]   PANT R, BARKER K, RAMIREZ-MARQUEZ J E, et al. Stochastic measures of resilience and their application to container terminals [J]. Comput. Ind. Eng., 2014(70): 183-194.

[46]   BAROUD H, RAMIREZ-MARQUEZ J E, ROCCO C M. Importance measures for inland waterway network resilience [J]. Transp. Res. E, 2014(62): 55-67.

[47]   BAROUD H, RAMIREZ-MARQUEZ J E, BARKER K, et al. Measuring and planning for stochastic network resilience: application to waterway commodity flows [J]. Risk Anal., 2014, 34(7): 1317-1335.

[48]   OUYANG M, DUENAS-OSORIO L. Time-dependent resilience assessment and improvement of urban infrastructure systems [J]. Chaos: An Interdisciplinary J. Nonlinear Sci., 2012, 22(3): 033122.

[49]   VLACHEAS P, STAVROULAKI V, DEMESTICHAS P, et al. Towards end-to-end network resilience [J]. Int. J. Crit. Infrastruct. Prot, 2013, 6(3-4): 159-178.

[50]   BRUYELLE J L, O'NEILL C, EI-KOURSI E M, et al. Improving the resilience of metro vehicle and passengers for an effective emergency response to terrorist attacks [J]. Saf. Sci., 2014(62): 37-45.

[51]   OUYANG M, DUENAS-OSORIO L, MIN X. A three-stage resilience analysis framework for urban infrastructure systems [J]. Struct. Saf., 2012(36-37): 23-31.

[52]   AYYUB B M. Systems resilience for multihazard environments: definition, metrics, and valuation for decision making [J]. Risk Anal., 2014, 34(2): 340-355.

[53]   FATURECHI R, LEVENBERG E, MILLER-HOOKS E. Evaluating and optimizing resilience of airport pavement networks [J]. Comput. Oper. Res., 2014(43):335-348.

[54] LIU C C. Distribution systems: reliable but not resilience [J]. IEEE Power and Energy Magazine, 2015, 13(3): 93-96.

[55] MARTIN-BREEN P, ANDERIES J M. Resilience: a literature review [M]. Brighton: Institute of Development Studies (IDS), 2011.

[56] SEYEDMOHSEN H, KASH B, JOSE E R-M. A review of definitions and measures of system resilience [J]. Reliab. Eng. Syst. Saf., 2016, 145(JAN.): 47-61.

[57] ETTORE F B, DI W, Fei X. Structural vulnerability of power systems: A topological approach [J]. Electr. Power Syst. Res., 2011, 81(7): 1334-1340.

[58] 史进, 涂光瑜, 罗毅. 电力系统复杂网络特性分析与模型改进 [J]. 中国电机工程学报, 2008, 28(25): 93-98.

[59] 苏慧玲, 李扬. 基于准稳态功率转移分布因子的电力系统复杂网络特性分析 [J]. 电力自动化设备, 2013, 33(09): 47-53.

[60] MALBOR A, TIMOTEO C. Topological resilience in non-normal networked systems [J]. Phys. Rev. E, 2018, 97(4): 042302.

[61] PAGANI G A, AIELLO M. The Power Grid as a complex network: A survey [J]. Phys. Stat. Mech. Appl., 2013, 392 (11): 2688-2700.

[62] ALBERT R, ALBERT I, NAKARADO G L. Structural vulnerability of the North American power grid [J]. Phys. Rev. E, 2004, 69(2): 025103.

[63] CRUCITT P, LATORA V, MARCHIORI M. A topological analysis of the Italian electric power grid[J]. Physica A: Stat. Mech. Its Appl., 2004, 338(1-2): 92-97.

[64] CHASSIN D P, POSSE C. Evaluating North American electric grid reliability using the Barabási-Albert network model [J]. Phys. A: Stat. Mech. Its Appl., 2005, 355(2-4): 667-677.

[65] CRUCITTI P, LATORA V, MARCHIORI M. Locating critical lines in high-voltage electrical power grids [J]. Fluct. Noise Lett., 2005, 5(2): L201-L208.

[66] ROSATO V, BOLOGNA S, TIRITICCO F. Topological properties of high-voltage electrical transmission networks [J]. Electr. Power Syst. Res., 2007, 77(2): 99-105.

[67] HOLMGREN A J. Using graph models to analyze the vulnerability of electric power networks [J]. Risk Anal., 2006, 26(4): 955-969.

[68]　孟仲伟，鲁宗相，宋靖雁. 中美电网的小世界拓扑模型比较分析 [J]. 电力系统自动化，2004, 28(15): 21-24+29.

[69]　RAFAEL E, SARA L, ANDRES R. Analysis of transmission-power-grid topology and scalability, the European case study [J]. Phys. A, 2018(509): 383-395.

[70]　CUADRA L, SALCEDO-SANZ S, DEL-SER J, et al. A critical review of robustness in power grids using complex networks concepts [J]. Energies, 2015, 8(9): 9211-9265.

[71]　SOLÉ R V, ROSAS-CASALS M, COROMINAS-MURTRA B, et al. Robustness of the European power grids under intentional attack [J]. Phys. Rev. E, 2008, 77(3): 1-7.

[72]　PAGANI G A, AIELLO M. Towards decentralization: A topological investigation of the medium and low voltage grids [J]. IEEE Trans. Smart Grid, 2011, 2(3): 538-547.

[73]　KIM D H, EISENBERG D A, CHUN Y H, et al. Network topology and resilience analysis of South Korean power grid [J]. Phys. Stat. Mech. Appl., 2017, 465(C): 13-24.

[74]　魏震波，苟竞. 复杂网络理论在电网分析中的应用与探讨 [J]. 电网技术，2015, 39(1): 279-287.

[75]　曹一家，王光增，包哲静，等. 一种复杂电力网络的时空演化模型 [J]. 电力系统自动化设备，2009, 2(1): 1-5.

[76]　王光增，曹一家，包哲静，等. 一种新型电力网络局域世界演化模型 [J]. 物理学报，2009, 58(6): 3597-3602.

[77]　杨蕾，黄小庆，曹丽华，等. 考虑区域性的复杂电力网络演化模型 [J]. 电力系统及其自动化学报，2012, 24(2): 5-11.

[78]　卢明富，梅生伟. 小世界电网生长演化模型及其潮流特性分析 [J]. 电工电能新技术，2010, 29(1): 25-29.

[79]　PAGANI G A, AIELLO M. Power grid complex network evolutions for the smart grid [J]. Phy. A, 2014, 396(2): 248-256.

[80]　梅生伟，龚媛，刘峰. 三代电网演化模型及特征分析 [J]. 中国电机工程学报，2014, 34(7): 1003-1011.

[81] 周孝信, 陈树勇, 鲁宗相. 电网和电网技术发展的回顾与展望: 试论三代电网 [J]. 中国电机工程学报, 2013, 33(22): 1-11.

[82] BRANDES U. On variants of shortest-path betweenness centrality and their generic computation [J]. Social Networks, 2008, 30(2): 136-145.

[83] KOURTELLIS N, MORALES G D F, BONCHI F. Scalable online betweenness centrality in evolving graphs [J]. IEEE Trans. Knowl. Data. En., 2015, 27(9): 2494-2506.

[84] GIRVAN M, NEWMAN M E J. Community structure in social and biological networks [J]. Proc. Nat. Acad. Sci. USA, 2002, 99(12): 7821-7826.

[85] NEWMAN M E J. Scientific collaboration. II. Shortest path, weighted networks, and centrality [J]. Phy. Rev. E, 2001, 64(2): 016132.

[86] JEONG H, MASON S, BARABASI A, et al. Lethality and centrality in protein networks [J]. Nature, 2001, 411(6833): 41-42.

[87] JALILI M, RAD A A, HASLER M. Enhancing synchronizability of weighted dynamical networks using betweenness centrality [J]. Phy. Rev. E, 2000, 78(2): 016105.

[88] ANG C S. Interaction networks and patterns of guild community in massively multiplayer online games [J]. Soc. Netw. Anal. Mining, 2011(1): 341-353.

[89] CORREA G J, YUSTA J M. Grid vulnerability analysis based on scale-free graphs versus power flow models [J]. Electr. Power Syst. Res., 2013(101): 71-79.

[90] FLOYD R W. Algorithm 97: Shortest Path [J]. Communications of the ACM 5, 1962, 5(6): 345.

[91] LEONG H U, HONG J Z, MAN L Y, et al. Towards online shortest path computation [J]. IEEE Trans. Knowl. Data. En., 2014, 26(4): 1012-1025.

[92] ANTHONISSE J M. The rush in a directed graph [R]. In Stichting Mathematisch Centrum, Mathematische Besliskunde: A Technical Report, BN 9/71, 1971: 1-10.

[93] FREEMAN L C. A set of measures of centrality based on betweenness [J]. Sociometry, 1977, 40(1): 35-41.

[94] BRANDES U. A faster algorithm for betweenness centrality [J]. J. Math. Socio., 2001, 25(2): 163-177.

[95] PUZIS R, ZILBERMAN P, DOLEV S, et al. Topology manipulations for speeding betweenness centrality computation [J]. J. Compl. Netw., 2015, 3(1): 84-112.

[96] PONTECORVI M, RAMACHANDRAN V. A Faster Algorithm for Fully Dynamic Betweenness Centrality [J/OL]. Computer Science, 2015, 9294: 155-166.

[97] RIONDATO M, KORNAROPOULOS E M. Fast approximation of betweenness centrality through sampling [C]//Proceedings of the 7th ACM international conference on Web search and data mining. New York, USA: Springer, 2014: 413-422.

[98] BERGAMINI E, MEYERHENKE H. Fully-dynamic approximation of betweenness centrality [M]. Berlin: Springer, 2015.

[99] TATSUNORI H B, MASAO N, KANAME K, et al. BFL: A node and edge betweenness based fast layout algorithm for large scale networks [J]. Bioinformatics, 2009, 10(1): 19.

[100] FREEMAN C, BORGATTI S, WHITE D. Centrality in valued graphs: A measure of betweenness based on network flow [J]. Soc. Netw., 1991, 13(2): 141-154.

[101] NEWMAN M E J. A measure of betweenness centrality based on random walks [J]. Soc. Netw., 2005, 27(1): 39-54.

[102] TYLER J, WILKINSON D, HUBERMAN B. Email as Spectroscopy: Automated discovery of community structure within organizations [J]. Information Society, 2005, 21(2): 143-153.

[103] NEWMAN M E. Fast algorithm for detecting community structure in networks [J]. Phy. Rev. E, 2004, 69(6): 066133.

[104] RADICCHI F, CASTELLANO C, CECCONI F, et al. Defining and identifying communities in networks [J]. Proc. Natl. Acad. Sci. USA, 2004, 101(9): 2658-2663.

[105] GOPALAN P K, BLEI D M. Efficient discovery of overlapping communities in massive networks [J]. Proc. Natl. Acad. Sci. USA, 2013, 110(36): 14534-14539.

[106] KRZAKALA F, CRISTOPHER M, ELCHANAN M, et al. Spectral redemption in clustering sparse networks [J]. Proc. Natl. Acad. Sci. USA, 2013, 110(52): 20935-20940.

[107] ZHANG X, NEWMAN M E J. Multiway spectral community detection in networks [J]. Phy. Rev. E, 2015, 92(5): 052808.

[108] BRIAN B, KARRER B, NEWMAN M E J. Efficient and principled method for detecting communities in networks [J]. Phy. Rev. E, 2011, 84(3): 036103.

[109] BLONDEL V D, GUILLAUME J L, LAMBIOTTE R, et al. Fast unfolding of communities in large networks [J]. J. Stat. Mech., 2008(10):108.

[110] MALLIAROS F D, VAZIRGIANNIS M. Clustering and community detection in directed networks: A survey [J]. Phys. Rep., 2013, 533(4): 95-142.

[111] ROSVALL M, BERGSTROM C T. An information-theoretic framework for resolving community structure in complex network [J]. Proc. Natl. Acad. Sci. USA, 2007, 104(18): 7327-7331.

[112] LV L, CHEN D, REN X L, et al. Vital nodes identification in complex networks [J]. Physics Reports, 2016, 650: 1-63.

[113] ALBERT R, JEONG H, BARABÁSI A-L. Error and attack tolerance of complex networks [J]. Nature, 2000, 406(6794): 378-382.

[114] BRIN S, PAGE L. The anatomy of a large-scale hypertextual web search engine [J]. Comput. Networks ISDN Systems, 1998, 30(1-7): 107-117.

[115] FREEMAN L C. Centrality in social networks: conceptual clarification [J]. Soc. Networks, 1978(1): 215-239.

[116] ZHAO J, WU J S, CHEN M M C, et al. K-core-based attack to the internet: Is it more malicious than degree-based attack [J]. World Wide Web, 2015, 18(3): 749-766.

[117] ZDEBOROVA L, ZHANG P, ZHOU H-J. Fast and simple decycling and dismantling of networks [J]. Sci. Rep., 2016(6): 37954.

[118] MORONE F, MAKSE H A. Influence maximization in complex networks through optimal percolation [J]. Nature, 2015, 524(7563): 65-68.

[119] KITSAK M, LAZAROS K G, SHLOMO H, et al. Identification of influential spreaders in complex networks [J]. Nature Phys., 2010, 6(11): 888-893.

[120] LIU J G, LIN J H, GUO Q, et al. Locating influential nodes via dynamics-sensitive centrality [J]. Sci. Rep., 2016, 6: 3.

[121] WANG J W. Robustness of complex networks with the local protection strategy against cascading failures [J]. Safety Science, 2013(53): 219-225.

[122] 曹一家, 陈晓刚, 孙可. 基于复杂网络理论的大型电力系统脆弱线路辨识 [J]. 电力自动化设备, 2006, 26(12): 1-5.

[123] 王仁伟, 张友刚, 杨阳, 等. 基于电气介数的复杂电网脆弱线路辨识 [J]. 电力系统保护与控制, 2014, 42(20): 1-6.

[124] 蔡晔, 曹一家, 李勇, 等. 考虑电压等级和运行状态的电网脆弱线路辨识 [J]. 中国电机工程学报, 2014, 30(13): 2124-2131.

[125] 马志远, 刘锋, 沈沉, 等. 基于 PageRank 改进算法的电网脆弱线路快速辨识 (一): 理论基础 [J]. 中国电机工程学报, 2016, 36(23): 6363-6370.

[126] ZENG A, LIU W. Enhancing network robustness against malicious attacks [J]. Phys. Rev. E, 2012, 85(6): 066130.

[127] TANIZAWA T, HAVLIN S, STANLEY H. E. Robustness of onionlike correlated networks against targeted attacks [J]. Phys. Rev. E, 2012, 85(4): 046109.

[128] MA L, GONG M, CAI Q, et al. Enhancing community integrity of networks against multilevel targeted attacks [J]. Phys. Rev. E, 2013, 88(2): 022810.

[129] TANG X, LIU J, ZHOU M. Enhancing network robustness against targeted and random attacks using a memetic algorithm [J]. EPL, 2015, 111(3): 38005.

[130] MA L, LIU J, DUAN B, et al. A theoretical estimation for the optimal network robustness measure R against malicious node attacks [J]. EPL, 2015, 111(2): 28003.

[131] ZHOU M, LIU J. Memetic algorithm for enhancing the robustness of scale-free networks against malicious attacks [J]. Phyica A, 2014, 410(99): 131-143.

[132] HERRMANN H J, SCHNEIDER C M, MOREIRA A A, et al. Onion-like network topology enhances robustness against malicious attacks [J]. J. Phy. A: Math. Theor., 2011, 2011(1): 01027.

[133] SCHNEIDER C M, MOREIRA A A, ANDRADE J S, et al. Mitigation of malicious attacks on networks [J]. Proc. Natl. Acad. Sci. USA, 2011, 108(10): 3838-3841.

[134] WU Z-X, HOLME P. Onion structure and network robustness [J]. Phys. Rev. E, 2011, 84(2): 026106.

[135] VAN M P, WANG H, GE X, et al. Influence of assortativity and degree-preserving rewiring on the spectra of networks [J]. Eur. Phy. J. B, 2010, 76(4): 643-652.

[136] PAUL G, TANIZAWA T, HAVLIN S, et al. Optimization of robustness of complex networks [J]. Eur. Phy. J. B, 2004, 38(2): 187-191.

[137] JIANG Z, LIANG M, GUO D. Enhancing network performance by edge addition [J]. Int. J. Mod. Phys. C, 2011, 22(11): 1211-1226.

[138] ZHAO J, XU K. Enhancing the robustness of scale-free networks [J]. J. Phy. A: Math. Theor., 2009, 42(19): 195003.

[139] LOUZADA V H P, DAOLIO F, HERRMANN H J, et al. Smart rewiring for network robustness [J]. Journal of Complex Networks, 2013, 1(2): 150-159.

[140] CHOWDHURY S P, CHOWDHURY S, CROSSLEY P A. Islanding protection of active distribution networks with renewable distributed generations: a comprehensive survey [J]. Electric Power Systems Research, 2009, 79(6): 984-992.

[141] KENNEDY J, CIUFO P, AGALGAONKAR A. A review of protection systems for distribution networks embedded with renewable generation [J]. Renew. Sustain. Energy Rev., 2016, 58(C): 1308-1317.

[142] MANDITEREZA P T, BANSAL R. Renewable distributed generation: the hidden challenges—a review from the protection perspective [J]. Renew. Sustain. Energy Rev., 2016, 58(C): 1457-1465.

[143] AGHDAM T S, KAREGAR H K, ZEINELDIN H H. Variable tripping time differential protection for microgrids considering DG Stability [J]. IEEE Trans. Smart Grid, 2018, 99(99): 1-8.

[144] WANG F, CHEN C, LI C, et al. A multi-stage restoration method for medium-voltage distribution system with DGs [J]. IEEE Trans. Smart Grid, 2017, 8(6):2627-2636.

[145] 国家能源局. 配电自动化远方终端:DL/T 721—2013[S]. 北京: 中国电力出版社, 2013.

[146] 中国南方电网有限责任公司. 配电自动化站所终端技术规范: Q/CSG 1203017—2016[S]. 北京: 中国电力出版社, 2016.

[147] LIU Y, GAO H, GAO W, et al. Development of a substation-area backup protective relay for smart substation [J]. IEEE Trans. Smart Grid, 2017, 8(6): 2544-2553.

[148] GIRGIS A, BRAHMA S. Effect of distribution generation on protective device coordination in distribution systems [C]// Large engineering systems conference on power engineering.Piscataway: IEEE Press, 2001: 115-119.

[149] NAIEM A F, HEGAZY Y, ABDELAZIZ A Y, et al. A classification technique for close-fuse coordination in distribution system with distributed generation [J]. IEEE Trans. Power Del., 2012, 27(1): 176-185.

[150] ALAM M N, DAS B, PANT V. Optimum recloser-fuse coordination for radial distribution systems in the presence of multiple distributed generations [J]. IET Gener. Transm. Dis., 2018, 12(11): 2585-2594.

[151] SHIH M Y, SALAZAR C A C, CONDE A. Adaptive directional overcurrent relay coordination using ant colony optimisation [J]. IET Gener. Transm. Dis., 2015, 9(14): 2040-2049.

[152] SHIH M Y, CONDE A, LEONOWICZ Z, et al. An adaptive overcurrent coordination scheme to improve relay sensitivity and overcome drawbacks due to distributed generation in smart grids [J]. IEEE Trans. Ind. Appl., 2017, 53(6): 5217-5228.

[153] ALAM M N. Adaptive protection coordination scheme using numerical directional overcurrent relays [J]. IEEE Trans. Ind. Inform., 2019, 15(1): 64-73.

[154] ATES Y, BOYNUEGRI A R, UZUNOGLU M, et al. Adaptive protection scheme for a distribution system considering grid-connected and islanded modes of operation [J]. Energies, 2016, 9(5): 1-18.

[155] MA J, LI J, WANG Z. An adaptive distance protection scheme for distribution system with distributed generation [C]// International conference on critical infrastructure. Piscataway: IEEE Press, 2010: 1-4.

[156] HASHEMI S M, HAGH M T, SEYEDI H. A novel backup distance protection scheme for series-compensated transmission lines [J]. IEEE Trans. Power Del., 2014, 29(2): 699-707.

[157] DANTAS D T, PELLINI E L, MANASSE G. Time-domain differential protection method applied to transmission lines [J]. IEEE Trans. Power Del., 2018, 33(6):2634-2642.

[158] SHALINI, SAMANTARAY S R, SHARMA A. Enhancing performance of wide-area back-up protection scheme using PMU assisted dynamic state estimator [J]. IEEE Trans. Smart Grid, 2018, 10(5): 5066-5074.

[159] NEYESTANAKI M K, RANJBAR A M. An adaptive PMU-Based wide area backup protection scheme for power transmission lines [J]. IEEE Trans. Smart Grid, 2015, 6(3): 1550-1559.

[160] SARANGI S, PRADHAN A K. Synchronised data-based adaptive backup protection for series compensated line [J]. IET Generation, Transmission & Distribution, 2014, 8(12): 1979-1986.

[161] ZARE J, AMINIFAR F, PASAND M S. Synchrophasor-based wide-area backup protection scheme with data requirement analysis [J]. IEEE Trans. Power Del., 2015, 30(3): 1410-1419.

[162] DUBEY R, SAMANTARAY S R, PANIGRAHI B K, et al. Koopman analysis based wide-area back-up protection and faulted line identification for series-compensated power network [J]. IEEE Systems Journal, 2018, 12(3): 2634-2644.

[163] MA J, LIU C, THORP J S. A wide-area backup protection algorithm based on distance protection fitting factor [J]. IEEE Trans. Power Del., 2016, 31(5): 2196-2205.

[164] CHEN M, WANG H, SHEN S. et al. Research on a distance relay based wide area backup protection algorithm for Transmission lines [J]. IEEE Trans. Power Del., 2017, 32(1): 97-105.

[165] AL-EMADI N A, GHORBANI A, MEHRJERDI H. Synchrophasor-based backup distance protection of multi-terminal transmission lines [J]. IET Gener. Transm. Dis., 2016, 10(13): 3304-3313.

[166] WANG Z, HE J, XU Y, et al. Multi-objective optimisation method of power grid partitioning for wide-area backup protection [J]. IET Gener. Transm. Dis., 2018, 12(3): 696-703.

[167]　ZAYANDEHROODI H, MOHAMED A, SHAREEF H, et al. A novel protection coordination strategy using back tracking algorithm for distribution systems with high penetration of DG [C]// Proceedings of the IEEE international power engineering and optimization conference. Pistaway: IEEE press, 2012: 187-192.

[168]　HAFEZ A A, OMRAN W A, HIGAZI Y G. A decentralized technique for autonomous service restoration in active radial distribution networks [J]. IEEE Trans. Smart Grid, 2018, 9(3): 1911-1919.

[169]　HYUN L, WANG S H. A new fault location method for distribution system under smart grid environment [C]// Proc. of sixth IEEE International Forum on Strategic Technology. New York: IEEE, 2011: 469-472.

[170]　GIOVANINI R, HOPKINSON K, COURY D V, et al. A primary and backup cooperative protection system based on wide area agents [J]. IEEE Trans. Power Del., 2006, 21(3): 1222-1230.

[171]　SERIZAWA Y, IMAMURA H, SUGAYA N, et al. Experimental examination of wide-area current differential backup protection employing broadband communications and time transfer systems [C]// Proc. IEEE Power Engineering Society Summer Meeting. Piscataway: IEEE Press, 1999: 1070-1075.

[172]　SERIZAWA Y, MYOUJIN M, KITAMURA K, et al. Wide-area current differential backup protection employing broadband communications and time transfer systems [J]. IEEE Trans. Power Del., 1998, 13(4): 1046-1052.

[173]　ZHANG Z, KONG X, YIN X, et al. A novel wide-area backup protection based on fault component current distribution and improved evidence theory [J]. The Scientific World Journal, 2014(2014): 493739.

[174]　CONG W, PAN Z C, ZHAO J G, et al. A wide area protective relaying system based on current differential protection principle [J]. Power System Technology, 2006, 30(9): 91-110.

[175]　TANG J, MCLAREN P G. A wide area differential backup protection scheme for shipboard application [C]// 2005 IEEE Electric Ship Technologies Symposium.New York: IEEE, 2005: 219-224.

[176] TANG J, MCLAREN P G. A wide area differential backup protection scheme for shipboard application [J]. IEEE Trans. Power Del., 2006, 21(3): 1183-1190.

[177] TANG J, GONG Y, SCHULZ N, et al. Implementation of a ship-wide area differential protection scheme [J]. IEEE Trans. Ind. Appl., 2008, 44(6): 1864-1871.

[178] YAN X, PING H. Review on methods of wide area backup protection in electrical power system [C]// Proc. of the 2015 International Conference on Mechatronics, Electronic, Industrial and Control Engineering (MEIC). 2015: 502-506.

[179] ZIDAN A, EL-SAADANY E F. A cooperative multiagent framework for self-healing mechanisms in distribution systems [J]. IEEE Trans. on Smart Grid, 2012, 3(3): 1525-1539.

[180] ELMITWALLY A, ELSAID M, ELGAMAL M, et al. A fuzzy-multiagent service restoration scheme for distribution system with distributed generation [J]. IEEE Trans. on Sus. Energy, 2015, 6(3): 810-821.

[181] SOLANKI J M, KHUSHALANI S, SCHULZ N N. A multi-agent solution to distribution systems restoration [J]. IEEE Trans. on Power Syst., 2007, 22(3): 1026-1034.

[182] IEEE. IEEE standard for distributed resources interconnected with electric power systems: IEEE 1547 [S]. New York: IEEE, 2009.

[183] IEEE. IEEE Recommended Practice for Interconnecting Distributed Resources with Electric Power Systems Distribution Secondary Network:IEEE P1547-Draft [S]. NEW York: IEEE, 2011.

[184] SHARMA A, SRINIVASAN D, TRIVEDI A. A decentralized multiagent system approach for service restoration using DG islanding [J]. IEEE Trans. on Smart Grid, 2017, 6(6): 2784-2793.

[185] ROMERO R, FRANCO J F, LEAO F B, et al. A new mathematical model for the restoration problem in balanced radial distribution systems [J]. IEEE Trans. Power Syst., 2016, 31(2): 1259-1268.

[186] LI Y, XIAO J, CHEN C, et al. Service restoration model with mixed-integer second-order cone programming for distribution network with distributed generations [J]. IEEE Trans. Smart Grid, 2018, 10(4): 4138-4150.

[187]　TOUNE S, FUDO H, GENJI H, et al. Comparative study of modern heuristic algorithms to service restoration in distribution systems [J]. IEEE Trans. Power Del., 2002, 17(1): 173-181.

[188]　ABDELAZIZ A Y, MOHAMMED F M, MEKHAMER S F, et al. Distribution systems reconfiguration using a modified particle swarm optimization algorithm [J]. Electric. Power Syst. Res., 2009, 79(1): 1521-1530.

[189]　HSIAO Y T, CHIEN C Y. Enhancement of restoration service in distribution systems using a combination fuzzy-GA method [J]. IEEE Trans. Power Syst., 2000, 15(4): 1394-1400.

[190]　TSAI M. Development of an object-oriented service restoration expert system with load variations [J]. IEEE Trans. Power Syst., 2008, 23(1): 1026-1034.

[191]　JAYASINGHE S L, HEMAPALA K T M U. Multi agent based power distribution system restoration—a literature survey [J]. Energy and Power Eng., 2015(7): 557-569.

[192]　LIN C H, CHUANG H J, CHEN C S, et al. Fault detection, isolation and restoration using a multiagent-based distribution automation system [C]// IEEE Conf. on Indust. Elec. & Appl. New York: IEEE, 2009: 2528-2533.

[193]　SIMMONS R, SMITH T, DIAS M B, et al. A layered architecture for coordination of mobile robots [J]. Multi-robot systems: from swarms to intelligent automata, Springer, 2002 (11): 103-112.

[194]　SUJIL A, VERMA J, KUMAR R. Multi agent system: concepts, platforms and applications in power systems [J]. Artif. Intel. Rev., 2016, 49(2): 153-182.

[195]　LEITE J B, MANTOVANI J R S. Development of a self-healing strategy with multiagent systems for distribution networks [J]. IEEE Trans. on Smart Grid, 2017, 8(5): 2198-2206.

[196]　PAHWA A, DELOACH S A, NATARAJAN B, et al. Goal-based holonic multiagent system for operation of power distribution systems [J]. IEEE Trans. on Smart Grid, 2015, 6(5): 2510-2518.

[197]　GHORBANI M J, CHOUDHRY M A, FELIACHI A. A multiagent design for power distribution systems automation [J]. IEEE Trans. on Smart Grid, 2016, 7(1): 329-339.

[198] SEKHAVATMANESH H, CHERKAOUI R. Distribution network restoration in a multi-agent framework using a convex OPF model [J]. IEEE Trans. on Smart Grid, 2018, 10(3): 2618-2628.

[199] REN F, ZHANG M, SOETANTO D, et al. Conceptual design of a multi-agent system for interconnected power systems restoration [J]. IEEE Trans. on Power Syst., 2012, 27(2): 732-740.

[200] SHARMA A, SRINIVASAN D, TRIVEDI A. A decentralized multi-agent approach for service restoration in uncertain environment [J]. IEEE Trans. on Smart Grid, 2016,9(4): 3397-3405.

[201] BARKER P P, MELLO R W D. Determining the impact of distributed generation on power systems [C]// Power engineering society summer meeting. New York: IEEE, 2000: 1645-1656.

[202] LI H, SUN H, WEN J, et al. A fully decentralized multi-agent system for intelligent restoration of power distribution network incorporating distributed generations [J]. IEEE Comput. Intel. Magazine, 2012, 7(4): 66-76.

[203] NISSIM R, BRAFMAN R I, DOMSHLAK C. A general fully distributed multi-agent planning algorithm [C]//Proc. of 9th Int. Conf. on Autonomous Agents and multi-agent system (AAMAS 2010). Berlin: Springer, 2010: 1323-1330.

[204] COHEN R, HAVLIN S. Complex networks: structure, stability and function [M]. Cambridge: Cambridge University Press, 2010.

[205] LI W G, LI Y, CHEN C, et al. A full decentralized multi-agent service restoration for distribution network with DGs [J]. IEEE Trans. on Smart Grid, 2019, 11(2): 1100-1111.

[206] 刘健, 董新洲, 陈星莺, 等. 配电网故障定位与供电恢复 [M]. 北京: 中国电力出版社, 2014.

[207] GONG M, MA L, CAI Q, et al. Enhancing robustness of coupled networks under targeted recoveries [J]. Sci. Rep., 2015, 5: 8439.

[208] REIS S D, HU Y Q, BABINO A, et al. Avoiding catastrophic failure in correlated networks of networks [J]. Nat. Phys., 2014, 10(10): 762-767.

[209] JEAN-CARLES D, RENAUD L, LUIS E C R. Diffusion on networked systems is a question of time or structure [J]. Nat. Commun., 2015, 6: 7366.

[210]   BARRAT A, BARTHELEMY M, VESPIGNANI A. Weighted evolving networks: coupling topology and weights dynamics [J]. Phys. Rev. Lett., 2004, 92(22): 228701.

[211]   LI Z, SHAHIDEHPOUR M, AMINIFAR F, et al. Networked microgrids for enhancing the power system resilience [C]//Proceedings of IEEE.New York: IEEE, 2017: 1289-1310.

[212]   COHEN R, HAVLIN S, BEN-AVRAHAM D. Efficient immunization strategies for computer networks and populations [J]. Phys. Rev. Lett., 2003, 91(24): 247901.

[213]   ZACHARY W W. An information flow model for conflict and fission in small groups [J]. J. Anthropol. Res., 1997, 33: 452-473.

[214]   程利军, 龙翔, 杨奇逊. 基于采样值的 CT 饱和检测方案的研究 [J]. 电力系统保护与控制, 2000, 28(8): 19-21.

[215]   原国家能源部. 静态比率差动保护袋置技术条件 : SD276-88 [S].

[216]   ELMORE W A. Protective Relaying, Theory and Application[M]. New York, USA: Marcel Dekker, 2004.

[217]   DOBBE R, FRIDOVICHKEIL D, TOMLIN C. Fully decentralized policies for multi-agent systems: an information theoretic approach [J/OL]. (2017-07-29) [2019-10-15]. https://arxiv.org/abs/1707.06334.

[218]   IEEE. IEEE recommended practice for utility interface of photovoltaic (PV) system: IEEE 929—2000 [S]. NEW York:IEEE, 2000: 1-26.

[219]   PHAM T T H, BÉSANGER Y, HADJSAID N. New challenges in power system restoration with large scale of dispersed generation insertion [J]. IEEE Trans. Power Syst., 2009, 24(1): 398-406.

[220]   AYYARAO T S L V. Modified vector controlled DFIG wind energy system based on barrier function adaptive sliding mode control [J]. Protection and Control of Modern Power Systems, 2019, 4(4): 34-41.

[221]   LI W, TAN Y, LI Y, et al. A new differential backup protection strategy for smart distribution networks: a fast and reliable approach [J]. IEEE Access, 2019(7): 38135-38145.

[222] JADE. JADE Agent Development Toolkit[EB/OL].(2016-03-01)[2020-01-02]. http://jade.tilab.com.

[223] SU C T, LEE C S. Network reconfiguration of distribution systems using improved mixed-integer hybrid differential evolution [J]. IEEE Trans. on Power Del., 2003, 18(3): 1022-1027.

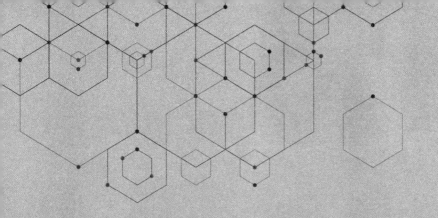

附　录

附录一 中国台湾某配电网（TPC）84 点系统参数

1. 节点数据

节点编号	有功 /kW	无功 /kvar	节点类型	电压值 /（p.u.）	电流值 /A
0	0	0	0	1	0
1	0	0	1	1	0
2	100	50	1	1	0
3	300	200	1	1	0
4	350	250	1	1	0
5	220	100	1	1	0
6	1100	800	1	1	0
7	400.00–400	320.0–300	1	1	0
8	300	200	1	1	0
9	300	230	1	1	0
10	300	260	1	1	0
11	0	0	1	1	0
12	1200.0–400	800–300	1	—	0
13	800	600	1	1	0
14	700	500	1	1	0
15	0	0	1	1	0
16	300	150	1	1	0
17	500	350	1	1	0
18	700	400	1	1	0
19	1200	1000	1	1	0
20	300	300	1	1	0

续 表

节点编号	有功 /kW	无功 /kvar	节点类型	电压值 /(p.u.)	电流值 /A
21	400	350	1	1	0
22	50	20	1	1	0
23	50	20	1	1	0
24	50.0-2000	10.0-1000	1	1	0
25	50	30	1	1	0
26	100	60	1	1	0
27	100	70	1	1	0
28	1800-400	1300-300	1	1	0
29	200	120	1	1	0
30	0	0	1	1	0
31	1800	1600	1	1	0
32	200	150	1	1	0
33	200	100	1	1	0
34	800	600	1	1	0
35	100-400	60-300	1	1	0
36	100	60	1	1	0
37	20	10	1	1	0
38	20	10	1	1	0
39	20	10	1	1	0
40	20	10	1	1	0
41	200	160	1	1	0
42	50	30	1	1	0
43	0	0	1	1	0
44	30	20	1	1	0
45	800	700	1	1	0
46	200	150	1	1	0

节点编号	有功 /kW	无功 /kvar	节点类型	电压值 /（p.u.）	电流值 /A
47	0	0	1	1	0
48	0	0	1	1	0
49	0	0	1	1	0
50	200	160	1	1	0
51	800	600	1	1	0
52	500	300	1	1	0
53	500	350	1	1	0
54	500	300	1	1	0
55	200–1000	80–800	1	1	0
56	0	0	1	1	0
57	30	20	1	1	0
58	600	420	1	1	0
59	0	0	1	1	0
60	20–400	10–300	1	1	0
61	20	10	1	1	0
62	200	130	1	1	0
63	300	240	1	1	0
64	300	200	1	1	0
65	0	0	1	1	0
66	50	30	1	1	0
67	0	0	1	1	0
68	400	360	1	1	0
69	0	0	1	1	0
70	0	0	1	1	0
71	2000–400	1500–300	1	1	0
72	200	150	1	1	0

续 表

节点编号	有功 /kW	无功 /kvar	节点类型	电压值 /(p.u.)	电流值 /A
73	0	0	1	1	0
74	0	0	1	1	0
75	1200–400	950–300	1	1	0
76	300	180	1	1	0
77	0	0	1	1	0
78	400	360	1	1	0
79	2000–400	1300–300	1	1	0
80	200	140	1	1	0
81	500	360	1	1	0
82	100	30	1	1	0
83	400	360	1	1	0

注：节点类型中 1 表示首末节点，2 表示中间无多分支节点，大于 2 的为分支节点。

2. 分支数据

分支编号	首端点	末端点	电阻 /Ω	电抗 /Ω	线路状态	有功损耗 /kW	无功损耗 /kvar	有功功率 /kW	无功功率 /kvar	电流 /A
1	0	1	0.1944	0.6624	1	0	0	0	0	0
2	1	2	0.2096	0.4304	1	0	0	0	0	0
3	2	3	0.2358	0.4842	1	0	0	0	0	0
4	3	4	0.0917	0.1883	1	0	0	0	0	0
5	4	5	0.2096	0.4304	1	0	0	0	0	0
6	5	6	0.0393	0.0807	1	0	0	0	0	0
7	6	7	0.0405	0.138	1	0	0	0	0	0
8	7	8	0.1048	0.2152	1	0	0	0	0	0

分支编号	首端点	末端点	电阻/Ω	电抗/Ω	线路状态	有功损耗/kW	无功损耗/kvar	有功功率/kW	无功功率/kvar	电流/A
9	7	9	0.2358	0.4842	1	0	0	0	0	0
10	7	10	0.1048	0.2152	1	0	0	0	0	0
11	0	11	0.0786	0.1614	1	0	0	0	0	0
12	11	12	0.3406	0.6944	1	0	0	0	0	0
13	12	13	0.0262	0.0538	1	0	0	0	0	0
14	12	14	0.0786	0.1614	1	0	0	0	0	0
15	0	15	0.1134	0.3864	1	0	0	0	0	0
16	15	16	0.0524	0.1076	1	0	0	0	0	0
17	16	17	0.0524	0.1076	1	0	0	0	0	0
18	17	18	0.1572	0.3228	1	0	0	0	0	0
19	18	19	0.0393	0.0807	1	0	0	0	0	0
20	19	20	0.1703	0.3497	1	0	0	0	0	0
21	20	21	0.2358	0.4842	1	0	0	0	0	0
22	21	22	0.1572	0.3228	1	0	0	0	0	0
23	21	23	0.1965	0.4035	1	0	0	0	0	0
24	23	24	0.131	0.269	1	0	0	0	0	0
25	0	25	0.0567	0.1932	1	0	0	0	0	0
26	25	26	0.1048	0.2152	1	0	0	0	0	0
27	26	27	0.2489	0.5111	1	0	0	0	0	0
28	27	28	0.0486	0.1656	1	0	0	0	0	0
29	28	29	0.131	0.269	1	0	0	0	0	0
30	0	30	0.1965	0.396	1	0	0	0	0	0
31	30	31	0.131	0.269	1	0	0	0	0	0
32	31	32	0.131	0.269	1	0	0	0	0	0
33	32	33	0.0262	0.0538	1	0	0	0	0	0
34	33	34	0.1703	0.3497	1	0	0	0	0	0
35	34	35	0.0524	0.1076	1	0	0	0	0	0

续　表

分支编号	首端点	末端点	电阻/Ω	电抗/Ω	线路状态	有功损耗/kW	无功损耗/kvar	有功功率/kW	无功功率/kvar	电流/A
36	35	36	0.4978	1.0222	1	0	0	0	0	0
37	36	37	0.0393	0.0807	1	0	0	0	0	0
38	37	38	0.0393	0.0807	1	0	0	0	0	0
39	38	39	0.0786	0.1614	1	0	0	0	0	0
40	39	40	0.2096	0.4304	1	0	0	0	0	0
41	38	41	0.1965	0.4035	1	0	0	0	0	0
42	41	42	0.2096	0.4304	1	0	0	0	0	0
43	0	43	0.0486	0.1656	1	0	0	0	0	0
44	43	44	0.0393	0.0807	1	0	0	0	0	0
45	44	45	0.131	0.269	1	0	0	0	0	0
46	45	46	0.2358	0.4842	1	0	0	0	0	0
47	0	47	0.243	0.828	1	0	0	0	0	0
48	47	48	0.0655	0.1345	1	0	0	0	0	0
49	48	49	0.0655	0.1345	1	0	0	0	0	0
50	49	50	0.0393	0.0807	1	0	0	0	0	0
51	50	51	0.0786	0.1614	1	0	0	0	0	0
52	51	52	0.0393	0.0807	1	0	0	0	0	0
53	52	53	0.0786	0.1614	1	0	0	0	0	0
54	53	54	0.0524	0.1076	1	0	0	0	0	0
55	54	55	0.131	0.269	1	0	0	0	0	0
56	0	56	0.2268	0.7728	1	0	0	0	0	0
57	56	57	0.5371	1.1029	1	0	0	0	0	0
58	57	58	0.0524	0.1076	1	0	0	0	0	0
59	58	59	0.0405	0.138	1	0	0	0	0	0
60	59	60	0.0393	0.0807	1	0	0	0	0	0
61	60	61	0.0262	0.0538	1	0	0	0	0	0
62	61	62	0.1048	0.2152	1	0	0	0	0	0

分支编号	首端点	末端点	电阻/Ω	电抗/Ω	线路状态	有功损耗/kW	无功损耗/kvar	有功功率/kW	无功功率/kvar	电流/A
63	62	63	0.2358	0.4842	1	0	0	0	0	0
64	63	64	0.0243	0.0828	1	0	0	0	0	0
65	0	65	0.0486	0.1656	1	0	0	0	0	0
66	65	66	0.1703	0.3497	1	0	0	0	0	0
67	66	67	0.1215	0.414	1	0	0	0	0	0
68	67	68	0.2187	0.7452	1	0	0	0	0	0
69	68	69	0.0486	0.1656	1	0	0	0	0	0
70	69	70	0.0729	0.2484	1	0	0	0	0	0
71	70	71	0.0567	0.1932	1	0	0	0	0	0
72	71	72	0.0262	0.0528	1	0	0	0	0	0
73	0	73	0.324	1.104	1	0	0	0	0	0
74	73	74	0.0324	0.1104	1	0	0	0	0	0
75	74	75	0.0567	0.1932	1	0	0	0	0	0
76	75	76	0.0486	0.1656	1	0	0	0	0	0
77	0	77	0.2511	0.8556	1	0	0	0	0	0
78	77	78	0.1299	0.4416	1	0	0	0	0	0
79	78	79	0.0486	0.1656	1	0	0	0	0	0
80	79	80	0.131	0.264	1	0	0	0	0	0
81	80	81	0.131	0.264	1	0	0	0	0	0
82	81	82	0.0917	0.1883	1	0	0	0	0	0
83	82	83	0.3144	0.6456	1	0	0	0	0	0
84	5	55	0.131	0.269	1	0	0	0	0	0
85	7	60	0.131	0.269	1	0	0	0	0	0
86	11	43	0.131	0.269	0	0	0	0	0	0
87	12	72	0.3406	0.6994	0	0	0	0	0	0

续　表

分支编号	首端点	末端点	电阻/Ω	电抗/Ω	线路状态	有功损耗/kW	无功损耗/kvar	有功功率/kW	无功功率/kvar	电流/A
88	13	76	0.4585	0.9415	0	0	0	0	0	0
89	14	18	0.5371	1.0824	0	0	0	0	0	0
90	16	26	0.0917	0.1883	0	0	0	0	0	0
91	20	83	0.0786	0.1614	0	0	0	0	0	0
92	28	32	0.0524	0.1076	0	0	0	0	0	0
93	29	39	0.0786	0.1614	0	0	0	0	0	0
94	34	46	0.0262	0.0538	0	0	0	0	0	0
95	40	42	0.1965	0.4035	0	0	0	0	0	0
96	53	64	0.0393	0.0807	0	0	0	0	0	0

附录二 索引

1.插图索引

2. 附表索引